dear my travel

디어 마이 트래블

dear my travel 디어 마이 트래블

1판 1쇄 발행일 2019년 12월 30일

글·사진 윤영주, 이지은 | **펴낸이** 김민희, 김준영
편집 정은주 | **디자인** 스튜디오 헤이, 덕
영업 마케팅 김영란
펴낸곳 두사람 | **주소** 서울시 마포구 성미산로 57-6, 302호
팩스 02-6442-1718
메일 twopeople1718@gmail.com
등록 2016년 2월 1일 제 2016-000031호
ISBN 979-11-90061-10-0 (03980)

두사람은 여행서 전문가가 만드는 여행 출판사, 여행 콘텐츠 그룹입니다.
독자들을 위한 쉽고 친절한 여행서, 클라이언트를 위한 맞춤 여행 콘텐츠와 서비스를 제공합니다.
Published by TWOPEOPLE, Inc. Printed in Korea

이 도서의 국립중앙도서관 출판예정도서목록(CIP)은 서지정보유통지원시스템 홈페이지 (http://seoji.nl.go.kr)와 국가자료공동목록시스템(http://nl.go.kr/kolisnet)에서 이용하실 수 있습니다.
(CIP제어번호: CIP2019050933)

dear my travel

디어 마이 트래블

윤영주·이지은
글·사진

우리가
사랑했던

순간에
대하여

두사람

〈디어 마이 트래블〉에 소개된 여행지 24곳

슬로베니아
FINLAND
RUSSIA
크로아티아
BELARUS
UKRAINE
KAZAKHSTAN
MONGOLIA
TURKEY
CHINA
도쿄
IRAN
AFGHANISTAN
IRAQ
PAKISTAN
EGYPT
SAUDI ARABIA
INDIA
오키나와
후쿠오카
SUDAN
THAILAND
다낭·호이안·후에
인도 골든 트라이앵글
TANZANIA
케언스
AUSTRALIA
마다가스카르
시드니

contents

여심 저격 여행

문화 예술 ____ 여행

미식 ____ 여행

영화
따라 여행

연인끼리
부부끼리 여행

가족 여행

에코 여행

마카르트 다리에서 본 시내 풍경, 오스트리아 잘츠부르크

여심
저격 ______ 여행

로맨틱 동화 속 세상

체코·오스트리아·슬로베니아

카렐교와 프라하 성의 풍경, 체코 프라하

낭만 세포를 자극하는 동유럽

이사를 하고 정리 못 한 채 박아두었던 상자를 열었다가 오래된 여행의 흔적을 발견했다. 유레일패스와 각종 입장권, 공연 표, 엽서 등으로 가득한 상자 속에는 일기장이 한 권 들어 있었다. 대학 시절 떠났던 유럽 배낭여행의 매일을 기록했던 일기장이었다.

"카렐교 위에는 아코디언을 연주하는 할아버지, 목각 인형으로 인형극 하는 아저씨, 여행객들의 캐리커처를 그려주는 거리의 화가가 한데 모여 마치 커다란 연극 무대가 펼쳐진 듯했다. 카메라를 들고 서 있으니 나도 극 속 등장인물이 된 것만 같았다. 해가 떨어질 때쯤 다리 위 가스등에 하나둘 불이 밝혀지고, 사진으로 보던 환상적인 프라하 야경이 눈앞에 펼쳐졌다. 다양한 언어로 내뱉는 감탄사가 뒤섞인 프라하의 밤은 낭만이 넘쳐흘렀다."

2003년 10월 1일의 일기는 그 시절 프라하의 추억을 떠올리게 했다. 몇 해 전 독일 뮌헨에서 체코 프라하로 넘어가는 야간열차가 없어졌다. 배낭 여행객들에게 하룻밤의 숙소와 이동을 동시에 해결해주던 고마운 열차가 없어졌다니, 추억이 하나 지워져 버린 것 같아 아쉽다. 행여 소매치기라도 당할까 봐 돈과 여권이 든 가방을 끌어안고 잠을 청했던 쿠셋(침대칸)의 추억도 어느새 낭만의 흔적이 되어 있었다.

다른 나라로의 국경 이동이 비교적 쉬운 유럽에서는 이왕 가는 김에 여러 나라를 한 번에 돌아보고 싶은 욕심이 생기기 마련이다. 그중에서도 동유럽은 이동 거리가 멀지 않아 버스나 기차 등을 이용하면 한두 시간 이내에 자유로이 오갈 수 있다. 동유럽 하면 가장 먼저 떠오르는 이미지는 '로맨틱' '동화' 같은 단어들이다. 그곳에 가면 설레는 일이 일어날 것만 같은 두근거림을 선사하듯 낭만의 조각들이 흩뿌려진 곳. 동유럽은 작은 것에도 호들갑을 떨며 맞장구를 칠 수 있는 여자들의 여행지로 안성맞춤이다.

낭만이 봉인된 도시 프라하

체코의 수도 프라하는 도시 전체가 유네스코 세계문화유산으로 지정되어 있다. 세계에서 가장 큰 성으로 기네스북에 오른 '프라하 성', 세계에서 세 번째로 오래된 천문 시계 '오를로이', 프라하의 상징이자 역사와 낭만을 품은 다리 '카렐교' 등 천년의 역사를 자랑하는 프라하에는 중세의 모습을 그대로 간직한 유산이 가득하다. 이 모든 곳을 도보로 돌아볼 수 있다는 것 또한 프라하의 매력이다.

프라하 거리를 걷다가 지칠 때쯤이면 어디선가 달콤한 향기가 코끝에 와닿는다. 다름 아닌 '뜨르들로'의 향기다. 굴뚝 모양을 닮았다고 해서 '굴뚝 빵'이라고도 불리는 뜨르들로는 프라하 어디에서나 맛볼 수 있는 체코의 전통 빵이다. 기다란 봉에 반죽을 돌돌 말아 구워낸 다음 설탕과 시나몬 가루를 뿌리고, 봉을 뺀 동그란 구멍에 아이스크림이나 초콜릿 등 다양한 토핑을 넣어 먹는다. 겉은 바삭하고 속은 부드러운 뜨르들로는 프라하 도보 여행의 별미다.

밤을 느끼지 않고 프라하를 지나가는 여행자가 있을까? 도시들의 야경은 저마다 매력이 있지만, 프라하의 야경은 특별하다. 밤이 되면 10세기 로마네스크 양식의 '성 이지 바실리카', 14세기 고딕 양식의 '카렐교', 17세기 바로크 양식의 '성 니콜라스 성당'이 시대순으로 조명을 밝히는가 하면, 밤 구름 사이로 빛을 발하는 도시의 푸른빛, 어둠이 내려앉은 까만 블타바강에 비친 프라하 성과 카렐교의 빛은 감탄사를 절로 내뱉게 한다. 첫 프라하 여행 때 환상적인 그 야경에 반해 이틀이었던 프라하 일정을 연장했던 적이 있다. 프라하의 야경은 여전히 따뜻한 온기로 나를 위로해주는 것 같았고, 시간마저 망각하게 할 만큼 아름다웠다.

(위) 굴뚝 모양의 체코 전통 빵 뜨르들로, 체코 프라하
(아래) 프라하 성과 카렐교 야경, 체코 프라하

(위) 호엔잘츠부르크 성에서 본 시내 풍경, 오스트리아 잘츠부르크
(아래) 〈사운드 오브 뮤직〉의 배경지 미라벨 정원, 오스트리아 잘츠부르크

잘츠부르크 칸타빌레

햇살이 부드럽게 쏟아지는 5월의 늦은 오후, '체코의 오솔길'이라는 이름만큼이나 걷기 좋은 동화 마을 체스키크룸로프를 거쳐 CK 셔틀의 종착지인 오스트리아 잘츠부르크에 도착했다. 천재 작곡가 모차르트의 고향이기도 한 잘츠부르크의 아름다움을 가장 잘 표현한 영화는 〈사운드 오브 뮤직〉일 것이다. 오스카상 10개 부문을 석권한 이 영화는 오스트리아 해군인 폰 트랩 대령 일가의 실제 이야기를 바탕으로 잘츠부르크 전역에서 촬영한 뮤지컬 영화의 고전이다. 마리아가 아이들과 '도레미송'을 불렀던 미라벨 정원, 잘츠부르크 시내가 한눈에 내려다보이는 호엔잘츠부르크 성 등 잘츠부르크를 돌다 보면 영화 속 흔적들을 곳곳에서 만날 수 있다.

산 위에 우뚝 서 있는 성과 그 아래 성당, 화려한 궁전과 도시 사이를 흐르는 작은 강 위에 놓인 돌다리. 우리 머릿속에 각인된 유럽 도시의 모습은 아마도 이런 모습일 것이다. 묀히스베르크 산꼭대기에 있는 호엔잘츠부르크 성, 그 아래에는 잘츠부르크 대성당, 잘차흐강과 마카르트 다리 등 잘츠부르크는 우리가 상상하는 동화 속 이미지를 완벽하게 갖추고 있다. 많은 지성인이 잘츠부르크의 완벽한 도시 형태를 묘사해 왔지만, 오스트리아의 문호 슈테판 츠바이크만큼 이 도시를 잘 알고 마음속 깊이 애정했던 사람도 없을 것이다. 그는 자신의 저서 『어제의 세계』에서 "잘츠부르크는 모든 오스트리아의 소도시 중에서 그 풍경뿐만 아니라 그 지리상의 지형에 의해서도 나에게는 가장 이상적인 도시로 생각되었다"라고 표현했다.

모차르트의 생가와 개성 있는 철제 세공 간판으로 유명한 잘츠부르크의 게트라이데 거리는 명성만큼이나 흥미로운 공간이다. 좁고 기다란 거리 양쪽으로 늘어선 5~6층 정도 높이의 건물 상점들에는 오랜 세월의 흔적을 고스란히 담은 간판이 걸려 있다. 이 거리를 걷다 보면 자꾸만 위를 올려다보게 된다. 바로 문맹이 많던 중세 시대에 글을 잘 모르는 사람도 물건을 살 수 있도록 그림으로 표현한 철제 간판들 때문이다. 글로벌 체인 기업 '맥도날드'와 '자라'의 간판마저도 이곳에서는 과거로 시간 여행을

게트라이데 거리의 철제 세공 간판, 오스트리아 잘츠부르크

온 듯한 모습으로 걸려 있다.

알프스 하면 흔히 스위스를 떠올리지만, 놀랍게도 알프스산맥의 절반 이상이 오스트리아에 걸쳐 있다. 잘츠부르크의 운터베르크산은 여름을 코앞에 둔 5월 말에도 산 정상에서 눈을 만날 수 있다. 녹음이 우거진 5월의 파릇파릇한 신록과 산꼭대기의 새하얀 눈은 기묘한 계절감까지 더해준다. 그 때문일까? 앙증맞은 동화 마을 같았던 잘츠부르크에서 만난 거대한 알프스의 대자연이 더욱 특별하게 다가왔다.

꿈꾸던 그대로, 슬로베니아

블레드의 명물이라는 크림 케이크 '크렘나 레지나'를 맛보러 찾은 호숫가 카페는 잠시 쉬어 가라는 듯 포근했다. 부드럽고 달콤한 케이크를 문 채 햇살에 반짝이는 호수를 바라보고 있으니 마치 어릴 적 보던 그림책 속으로 들어와 있는 것만 같았다.

호수 수면을 잔잔하게 흔드는 바람결에 살포시 눈을 감았다.

차를 빌려 둘러본 슬로베니아는 우리가 '목가적'이라고 정의하는 소박하고 평화로우며 서정적인 풍경으로 가득했다. 피크닉 매트를 펴고 오후의 여유를 즐겼던 보힌 호수, 시원하게 쏟아지는 물소리를 들으며 계곡을 따라 트레킹했던 빈트가르 협곡, 블레드 성에서 내려다본 블레드섬과 블레드 호수는 자연이 내어준 선물 같은 공간이었다.

블레드 성에서 본 블레드 호수와 블레드섬, 슬로베니아 블레드

슬로베니아는 사랑이 가득한 도시 같다. S'LOVE'NIA라는 국가명에서부터 사랑을 품고 있는가 하면, 수도 류블랴나의 어원 역시 '사랑스러운'이라는 슬라브어에서 왔다. 그뿐인가. 영원한 사랑을 맹세하는 종이 울리는 호수와 자물쇠를 걸어 영원한 사랑을 맹세하는 다리, 시인 프란체 프레셰렌과 율리아의 이루어지지 않은 사랑 이야기를 담은 동상 등 슬로베니아는 발길이 닿는 구석구석에 사랑의 전설이 스며 있다. 저녁 6시에 사랑을 고백하면 그 사랑이 이루어진다는 전설로 전 세계 연인들의 발길을 끄는 성 프란체스코 대성당 앞에서 사랑을 음미하고, 류블랴나차강을 따라 산책한 뒤 언덕 위 류블랴나 성의 코스 요리까지 맛본다면, 이 로맨틱한 도시에 흠뻑 빠져들 수밖에 없을 것이다. _**이지은**

프레셰렌 광장과 성 프란체스코 대성당, 슬로베니아 류블랴나

(위) '사랑의 다리'로도 불리는 도살자의 다리, 슬로베니아 류블랴나
(아래) 식사를 즐길 수 있는 류블랴나 성 안마당, 슬로베니아 류블랴나

여행 정보

HEY! Get ready!

How to get there

대항항공이 인천-체코 프라하 구간, 인천-오스트리아 빈 구간 직항편을 운항하고 있으며, 아시아나항공을 비롯해 유럽 항공사들이 경유편을 운항하고 있다. 소요 시간은 직항편 기준 약 11시간 30분이다.

Where to go

● **운터스베르크 케이블카**Untersvergbahn GmbH : 잘츠부르크의 알프스라고 불리는 운터스베르크산의 해발 1,776m 지점까지 10분 만에 올라갈 수 있는 케이블카다. 케이블카 요금은 22유로이며, 잘츠부르크 카드로도 이용 가능하다. 잘츠부르크 시내에서 25번 버스를 타고 그뢰디히 세인트 레온하르트(Grödig St. Leonhard)에서 하차하면 된다. 기상 상황에 따라 운행하지 않을 수 있으니 미리 확인하고 방문하자.

ADD. Dr.Ődlweg 2, 5083 Gartenau, Austria

● **빈트가르 협곡**Vintgar Gorge : '바위 사이의 좁은 협곡'이라는 뜻의 빈트가르 협곡은 1891년부터 1893년까지 이 지역의 시장이었던 제이컵 주마(Jacob Zumer)와 사진작가 베네딕트 레게포어(Benedikt Lergetporer)가 협곡을 탐험하면서 통행로와 다리를 만들어 1893년 8월 일반인에게 공개했다. 트레킹하는 내내 바닥까지 훤히 들여다보이는 청명한 물색과 시원한 물소리를 들을 수 있다.

ADD. Turistično društvo Gorje, Podhom 80, 4247 Zgornje Gorje, Slovenia URL. vintgar.si

●**블레드 호수**Lake Bled : 유럽 사람들이 '알프스의 푸른 눈동자'라고 칭송하는 블레드 호수는 알프스의 만년설이 녹아 만들어진 빙하 호수다. 호수 자체로도 아름답지만, 호수 가운데 떠 있는 블레드섬과 호수 가장자리 절벽에 있는 블레드 성이 어우러져 환상적인 풍경을 자랑한다.

ADD. 4260 Bled, Slovenia

Where to eat

●**우 플레쿠**U Fleku : 1499년 개점한 흑맥주집으로, 500년이 넘는 역사와 전통을 자랑하는 체코 프라하의 명소다. 돼지 다릿살(넓적다리)을 숙성시켜 구워낸 체코식 족발 콜레뇨(koleno)는 이곳에서 직접 양조한 맥주와 환상의 궁합을 자랑한다. 특히 직접 양조한 13도짜리 흑맥주는 인생 맥주로 꼽힐 정도로 꼭 맛보고 와야 할 시그니처 메뉴다.

ADD. Křemencova11, 110 00 Praha 1, Czech URL. ufleku.cz

●**헤르츨 레스토랑**Restaurant s'Herzl : 600년 이상의 역사를 가진 헤르츨은 게트라이데 거리에 있는 호텔 골데너 히르슈(Goldener Hirsch)에 위치해 있다. 오스트리아 대표 음식인 비너 슈니첼 맛집으로, 음악가 카라얀과 번스타인의 단골집이기도 했다. 슈니첼은 송아지 고기와 야생 돼지 고기를 얇게 펴 빵가루에 넣어 튀긴 음식으로 우리나라 돈가스와 비슷하다.

ADD. Getreidegasse 37, 5020, Salzburg, Austria URL. restaurantherzl.at

●**고스틸나 나 그라두**Gostilna Na Gradu : 류블랴나 성 위에 위치한 레스토랑으로, 영화 속 주인공이 된 듯 중세 시대 성에서의 만찬을 경험해볼 수 있다. 합리적인 가격과 무게감이 느껴지는 접시, 기품이 느껴지는 직원들의 서비스까지 만족스러운 곳으로 코스 요리를 놓치지 말고 즐겨보자.

ADD. Grajska Planota 1, 1000, Ljublijana, Slovenia URL. nagradu.si

●파크 레스토랑 앤드 카페 Park Restaurant and Cafe : 일명 '블레드 케이크'라 불리는 슬로베니아 전통 디저트 '크렘나 레지나'의 원조집이다. 1953년 개점 이래 매년 50만여 개의 케이크를 만들고 있으며, 전통 그대로의 레시피를 고수하고 있다. 드라마 〈디어 마이 프렌즈〉에서 조인성이 찾았던 카페로, 블레드 호수 전망을 만끽할 수 있다.

ADD. Cesta Svobode 15, 4260 Bled, Slovenia URL. sava-hotels-resorts.com

Suggestion Schedule

1 Day

오후 : 프라하 국제공항 도착

밤 : 카렐교 야경

2 Day

오전/오후 : 프라하 구시가 관광

밤 : 우플레 쿠

3 Day

오전/오후 : CK 셔틀로 체스키크룸로프를 거쳐 잘츠부르크로 이동

4 Day

오전 : 운터스베르크 케이블카

오후 : 게트라이데 거리, 미라벨 정원, 잘츠부르크 성 등 시내 관광

5 Day

오전 : 차량 렌트 후 슬로베니아 블레드로 이동

오후 : 보힌 호수 피크닉

6 Day

오전 : 빈트가르 협곡 트레킹

오후 : 블레드섬, 블레드 성, 블레드 호수

7 Day

오전 : 트리글라브 국립공원 드라이브

오후 : 류블랴나로 이동

8 Day

오전 : 류블랴나 성, 프레셰렌 광장

오후 : 오스트리아 빈으로 이동 후 렌트카 반납

밤 : 오스트리아 빈 국제공항에서 한국행 비행기 탑승

9 Day

오후 : 인천 국제공항 도착

지중해 연보랏빛 바람을 만나다

남프랑스

라벤더가 만개한 발랑솔, 발랑솔

남프랑스는 현재 진행형

첫 유럽 여행을 갔을 때, 여행 기간 80일 가운데 25일을 프랑스에 머물렀다. 당시에는 프랑스 하면 파리였고, 남쪽으로는 그나마 알려진 곳이 니스와 칸, 모나코 정도였다. 나 역시 당시엔 잘 알려진 그곳들에 집중했다.

처음 파리를 방문한 지 정확히 15년 만에 다시 프랑스로 떠났다. '전 세계 여행자의 로망'이라는 수식어를 달고 남프랑스가 뜨는 여행지로 사람들의 입에 오르내리기 시작하자 호기심이 발동했고, 라디오에서 흘러나오는 '지중해 연보랏빛 바람을 만나는 남프랑스'라는 모 여행사의 광고카피는 나의 여행 세포를 자극했다.

노년, 중년의 배우에게도 리즈 시절이 있듯, 음식에도 신선하게 바로 내는 것이 맛있는가 하면, 숙성해 내는 것이 맛있는 음식이 있다. 내 입맛에 꼭 맞는 남프랑스를 만끽하기 위해서는 여름이 최적이라 생각해 무리하게 일정을 끼워 맞췄다. 그 탓에 여행에서 돌아온 직후 바로 출장을 떠나야만 했지만, 남프랑스 여행에서 돌아오는 비행기 안에서 본 영화 〈파리로 가는 길〉은 내가 얼마나 억세게 운 좋은 남프랑스를 만났는지 되새김질하게 했다.

프랑스에서 가장 아름다운 마을 고흐드, 프랑스인들이 최고의 휴양지로 손꼽는 카시스, 유럽의 그랜드캐니언이라 불리는 베흐동 협곡 등 완벽한 하루하루의 연속이었던 남프랑스 여행은 기분 좋은 바람이 코끝을 살랑이고, 쏟아지는 강렬한 햇살이 온몸의 세포를 일깨우는 듯했다. 만약 이제껏 다녀온 곳 중 딱 한 곳만 다시 가볼 수 있다 한다면, 나는 주저 없이 남프랑스를 택할 것이다.

유럽의 그랜드캐니언을 달리다

나에게 남프랑스의 이미지는 원피스 자락을 살랑이며 사뿐사뿐 걸어 다니는 곳이었다. 하지만 베흐동 협곡 드라이빙을 하던 날, 그 이미지는 완전히 새로이 정립되었다. 결론부터 말하자면 허벅지 근육이 터질 듯 꿈틀대는 남성미 철철 넘치는 곳이 바로 베흐동 협곡이다.

유럽의 그랜드캐니언이라고 불리는 베흐동 협곡은 유럽 최대 협곡 중 하나다. 알프스가 융기한 뒤 수만 년간 산봉우리 사이사이로 물이 흘러 들어가 석회암이 부식되면서 만들어진 협곡으로, 강과 협곡이 50km나 이어진다.

내비게이션에 서브라임 전망대를 목적지로 찍고 출발했다. 자연 반사적으로 끌리는 풍경 앞에서 내렸다 탔다를 반복하다 보니 어느덧 전망대 주차장에 도착했다. 표지판을 따라 걸어 올라가자, 깎아지른 듯한 아찔한 절벽 사이로 에메랄드빛 물길이 내려다보였다. '세상에 뭐 이런 곳이 다 있을까?'라는 말이 절로 나올 정도로 날것 그대로의 자연 앞에 입이 떡 벌어졌다.

자연의 위대함을 맘껏 감상한 뒤 생트크와 호수로 향했다. 프랑스에서 세 번째로 큰 생트크와 호수는 협곡을 막아 만든 인공호인데, 이곳의 비현실적인 물의 색감은 석회석 때문이라고 한다. 하지만 이유야 어찌 됐든 눈에 담기는 호수의 영롱한 모습은 그저 놀라울 따름이었다.

서브라임 전망대에서 본 베흐동 협곡, 베흐동

생트크와 호수 풍경, 베흐동

베흐동 협곡에서 무스티에생트마리로 가는 길에 만난 생트크와 호수, 베흐동

잔잔하고 평화로운 호숫가 풍경을 뒤로하고 신비한 별의 전설이 살아 있는 무스티에생트마리를 찾았다. 베흐동 협곡에 자리한 무스티에생트마리는 해발 635m 지점의 바위산에 있는 마을이다. 거대한 절벽 사이에 자리 잡은 아슬아슬한 집들도 그렇지만, 바위산 사이에 걸린 커다란 인공별은 이 마을의 명물이었다. 이 별은 17세기 십자군 원정 당시 블라카라는 기사가 성모 마리아에게 봉헌하기 위해 단 것으로, 미완의 사랑에 관한 전설, 동방 박사와 관한 전설 등 다양한 전설을 품고 있다. 다양한 전설을 차치하더라도 무스티에생트마리는 수많은 별을 헤며 고요한 밤거리를 거니는 것만으로 충분히 매력적이다.

보랏빛 향기의 추억

라벤더만큼 프로방스를 떠올리게 하는 것이 또 있을까? 라벤더는 돌이 많아 농사짓기에는 황폐한 프로방스의 대지에 뿌리를 내리고 아름다운 자태를 뽐냈다. 라벤더의 개화 시기는 보통 6월 초순에 꽃망울을 터뜨려 7월에는 만개하는데, 이 시기에는 라벤더와 함께 해바라기도 절정을 이룬다. 고흐는 이 시기에 아를에서 그 유명한 〈해바라기〉를 그렸다.

내가 프로방스를 찾은 무렵은 아직 6월 초였기 때문에 라벤더밭을 볼 수 있을 거라는 기대는 반쯤 포기한 상태였다. 오가는 차량이 드문 쭉 뻗은 도로를 달리는데, 저 멀리 보랏빛이 아른거리나 싶더니 곧 보랏빛 물결이 눈앞에 펼쳐졌다. 차를 세운 뒤 나는 내가 아는 모든 감탄사를 연발하며 카메라 셔터를 눌렀다. 지나가는 사람이 보면 반 미친 사람처럼 보였을지도 모르겠다.

남프랑스 여행의 하이라이트 라벤더 드라이브, 발랑솔

발랑솔은 전 세계 라벤더 생산량의 70~80%를 차지하는 곳이다. 그 무렵 프랑스 화장품 브랜드 록시땅의 라벤더 광고 촬영지로 유명한 세낭크 수도원은 아직 꽃망울도 터지지 않았던 것으로 보아 지역에 따라 라벤더가 피는 시기는 편차가 있는 듯했다. 여행을 다녀온 뒤 알게 되었는데, 그 해는 마침 일조량이 풍부해 라벤더 개화 시기가 조금 당겨졌다고 한다. 더군다나 고흐의 도시 아를로 향하던 길에서는 만개한 해바라기까지 만났으니, 뜻밖의 행운에 올해의 운을 한꺼번에 다 써버린 것은 아닌가 하는 생각까지 들었다.

예술에 취해, 맛에 취해

고흐, 세잔, 샤갈 등 수많은 예술가가 오랜 시간 머물렀던 남프랑스는 예술가들의 사랑을 독차지한 곳 중 하나다. 독일의 시인 라이너 마리아 릴케는 1911년 파리에서 출발하여 볼로냐로 가는 여행에 대해 "가장 아름다운 곳은 프로방스(프랑스 남동부의 옛 지방명)였습니다. 당신도 언젠가 꼭 한 번 그리로 가보셔야 합니다"라고 썼다. 또한 그는 임종을 앞두고 프로방스에 마지막 거처를 마련할 수 있기를 바랐다고 한다.

고흐의 흔적으로 가득한 아를, 세잔의 아틀리에가 그대로 남아 있는 엑상프로방스, 샤갈이 말년을 보내다 잠든 생폴드방스, 연극 중심의 페스티벌이 열리는 아비뇽 등 남프랑스의 도시들은 그야말로 예술가들의 보물 창고 같은 곳이다.

남프랑스에서 내가 꼭 하고 싶었던 것 중 하나가 멋진 레스토랑에서 근사한 한 끼를 먹는 것이었다. 그라스에서 내가 머문 숙소는 라 시갈리에라는 곳으로, 〈향수에 젖어서〉를 불렀던 가수 지은아 씨가 프랑스인 남편과 함께 운영하는 게스트하우스였다. 그들은 나의 바람을 듣고 무쟁 마을의 초입에 있는 라망디에의 코스 요리를 추천해주었다. 호박꽃의 진한 주황색 빛깔이 어쩜 그리도 탐스럽게 식욕을 자극하던지, 애피타이저부터 디저트까지 음식이 담긴 접시가 나오는 족족 싹싹 비웠다.

세잔의 아틀리에가 남아 있는 골목길, 엑상프로방스

남프랑스는 어느 마을을 찾아도 『미슐랭 가이드』에 소개된 레스토랑을 어렵지 않게 찾을 수 있다. 게다가 파리 같은 대도시에 비해 저렴한 가격으로 코스 요리를 즐길 수 있어 더 환상적이다. 근사한 식사를 마친 뒤 무쟁 마을을 둘러보았다. 마을 곳곳에 작고 예쁜 상점들과 갤러리가 있어 구경하다 보니 어느새 시간이 훌쩍 지나 있었다. 아기자기한 골목골목과 유리문 넘어 예술혼을 불태우는 멋진 사람들이 가득한 남프랑스의 마을들은 과거에도 현재에도 살아 숨 쉬는 예술품이 아닐까 싶다. _**이지은**

여행 정보

HEY!
Get ready!

How to get there

한국에서 남프랑스로 가는 직항편은 현재 없다. 프랑스 파리로 가서 파리에서 니스나 마르세유로 가는 항공편이나 고속열차 TGV를 이용하면 된다.

Where to go

● **무스티에생트마리 벼룩시장**Moustiers-Sainte-Marie flea market : 무스티에생트마리 마을의 주말 벼룩시장에서는 농가에서 직접 만든 향신료와 소시지, 치즈, 사탕, 술 등 다양한 먹거리와 수제 비누, 액세서리를 판매한다. 특히 주말 벼룩시장에서 파는 무스티에생트마리 맥주와 라벤더 꿀은 꼭 한 번 맛보길 추천한다.

● **아틀리에 세잔**Atelier de Cézanne : 엑상프로방스에 머물며 그림을 그렸던 세잔의 흔적이 고스란히 남아 있는 화실이다. 작품의 모델이었던 과일, 물병 등 작은 소품들과 그림 도구, 사다리, 그리고 세잔이 입던 옷까지 그대로 전시되어 있다. 이젤 앞에서 그가 어떤 모습으로 그림을 그렸을지 상상해보는 것만으로도 충분히 의미 있는 공간이다.

ADD. 9 Avenue Paul Cézanne, 13100 Aix-en-Provence, France

URL. atelier-cezanne.com

● **교황청**Le Palais des Papes : 1995년 아비뇽 역사 지구와 함께 유네스코 세계문화유산에 등재된 교황청은 유럽 전체에서 가장 큰 고딕 양식의 성당으로, 일반적인 고딕 성당 4개를 합쳐 놓은 규모와 맞먹는다. 이곳에서는 주기적으로 예술 전시도 열리고 있다. 매년 7월에 열리는 아비뇽 페스티벌의 메인 공연이 교황청 정원에서 올려진다.

ADD. Ppace du Palais, 84000 Avignon, France

URL. palais-des-papes.com

● **프라고나르**Fragonard : 영화 〈향수〉의 배경이 된 향수의 도시 그라스는 전 세계 향수 원액의 60~70%를 생산하고 있으며, 주민 대부분이 향수 산업에 종사한다. 1년 내내 기분 좋은 꽃향기가 코를 간질이는 아름다운 마을인 그라스에서는 5월에는 장미, 6월에는 올리브, 8월에는 재스민 축제가 열린다. 그라스에서 1782년부터 향수를 만들어온 프라고나르는 가장 오랜 역사를 자랑한다. 향수 박물관과 공장이 함께 연결되어 가이드 투어가 무료로 진행되며, 향수의 원재료가 되는 꽃이 가득 핀 정원도 있다. 제품의 향기를 직접 맡고 살 수 있는 공간도 있으니, 남프랑스 선물을 고민하고 있다면 들러볼 만하다.

ADD. 20 Boulevard Fragonard, 06130 Grasse, France URL. fragonard.com

Where to eat

● **라망디에**L'amandier de Mougins : 미식 마을로 유명한 무쟁을 대표하는 레스토랑으로, 레스토랑 곳곳에서 오랜 역사와 전통을 느낄 수 있다. 피카소, 만 레이, 이브 몽탕 등 유명인사의 사교 장소였고, 지금도 예약이 필수인 인기 레스토랑이다. 남프랑스에서 레스토랑 딱 한 곳을 추천해달라고 한다면 무조건 이곳을 권한다. 특히 22유로에 누릴 수 있는 런치 코스는 놓치지 말고 즐겨보자.

ADD. 48 Avenue Jean-Charles Mallet, 06250 Mougins, France

URL. amandier.fr

●**카페 반 고흐**Café Van Gogh : 고흐의 그림 〈밤의 카페 테라스〉의 배경이 된 카페다. 고흐가 치료받던 병원인 '에스파스 반 고흐(Espace Van Gogh)'를 찾아가는 길에 있다. 고흐에게 희망이고 기쁨이었던 노란색을 마음껏 느껴보자.

ADD. 11 Place du Forum, 13200 Arles, France

Where to stay

●**라 시갈리에**La Cigaliere : 그라스에 위치한 B&B(Bed&Breakfast)로 프로방스의 고급 주택을 경험할 수 있다. 여유롭고 풍족한 아침 식사와 정원 바비큐, 정원 수영장을 모두 즐길 수 있다. 사장님의 입담과 서비스가 더해져 남프랑스 최고의 숙박지로 오래도록 기억되는 곳이다.

ADD. 51, chemin du Roure de la Gache, 06130 Grasse-Plascassier, France

URL. cafe.naver.com/vandelli

Suggestion Schedule

1 Day

밤 : 프랑스 니스 국제공항 도착,
차량 렌트 후 그라스로 이동

2 Day

오전/오후 : 생폴드방스와 무쟁 마을 구경,
그라스의 프라고나르 향수 박물관 견학

3 Day

오전/오후 : 베흐동 협곡 드라이브, 생트크와 호수 피크닉
밤 : 무스티에생트마리 도착

4 Day

오전 : 무스티에생트마리 관광
오후 : 발랑솔, 세낭크 수도원, 고흐드
밤 : 카시스 도착

5 Day

오전 : 카시스 산책
오후 : 엑상프로방스 아틀리에 세잔, 아비뇽으로 이동

6 Day

오전/오후 : 아를 에스파스 반 고흐, 카페 반 고흐
밤 : 아비뇽으로 돌아와 렌트카 반납

7 Day

오전 : 아비뇽 교황청
오후 : 아비뇽 시내 관광

8 Day

오전 : TGV로 파리로 이동
오후 : 파리 샤를 드 골 국제공항으로 이동
밤 : 한국행 비행기 탑승

9 Day

오후 : 인천 국제공항 도착

반짝반짝 빛나는 몽환적인 해안

아말피코스트

보석처럼 빛나는 아말피 해변, 아말피

보는 것만으로도 에너지를 얻는 풍경

때로는 여행지에 대한 화려한 수식어보다 단 한 장의 사진으로 여행지를 결정할 때가 있다. 1999년 내셔널 지오그래픽이 '죽기 전에 가봐야 할 50곳' 중 1위로 선정했다는 사실만으로도 아말피코스트에 대한 세간의 수식어는 휘황찬란하다. 하지만 내가 아말피코스트 여행을 결심한 것은 사진 때문이었다. 우연히 잡지에서 본 아말피코스트의 사진은 지금 당장 그곳에 가고 싶다는 열망을 불러일으켰고, '누구랑 갈까' 하는 생각으로까지 이어졌다. 그러다 문득 "우리 언젠가 같이 해외여행 한번 가자"라고 얘기하며 함께 여행의 꿈을 부풀렸던 지인이 떠올랐다. 프리랜서로 일하는 그녀는 얼마 전에 프로젝트가 끝나 한가하다며, 내 제안을 흔쾌히 받아들였다. 그렇게 우리는 아말피코스트로 떠났다.

아말피코스트는 이탈리아 남부 소렌토부터 살레르노까지 이어지는 163번 국도를 가리킨다. 이탈리아 사람들이 '천 번의 굽잇길'이라고 부르는 구불구불한 해안 도로를 달리다 보면 해안 절벽을 수놓고 있는 집들, 깎아지르는 듯한 절벽 아래로 펼쳐지는 코발트 빛 티레니아해, 그리고 바다 위에 떠 있는 하얀 요트가 한 폭의 그림처럼 다가오는 비경을 목도하게 된다. 그 어느 것 하나 거스를 것 없는 파노라마 뷰를 앞에 두고 그냥 지나칠 수는 없는 법. 우리는 해안 도로 중간중간에 있는 전망대에 차를 세워 찰나의 여운을 마음껏 음미했다.

50km에 이르는 아말피코스트에는 아말피, 포지타노, 라벨로 같은 13개의 예쁜 마을이 점점이 박혀 있다. 과거에는 이 마을들을 잇는 도로가 없어 배를 타고 서로의 마을을 오갔다. 해안 도로 공사가 착공된 것은 1807년 무솔리니 시대에 들어서인데, 낭창낭창한 해안 절벽에 어렵사리 도로를 놓다 보니 50km의 도로를 완공하기까지 무려 47년이라는 세월이 걸렸다.

사실 아말피코스트 해안 도로를 운전하기란 마냥 낭만적이지만은 않다. 꼬불꼬불하고 폭이 좁은 도로 옆으로 천 길 낭떠러지가 도사리고 있어 운전 난이도로 치면 최고난도에 속한다. 중앙선이 없는 도로도 태반이라 교행이 안 되는 경사로에서 버스와 마주쳐 차를 빼야 할 때는 곡소리가 절로 나온다. 만약 운전하느라 긴장한 탓에 절경을 놓칠 것 같으면 아말피코스트 도시들을 연결하는 SITA 버스나 페리를 이용하는 게 현명할지도 모르겠다.

일상이 풍요로워지는 영롱함

숙소를 결정하기까지 장고에 장고를 거듭했다. 아말피코스트가 세계적인 휴양지인 만큼 숙소 가격이 만만치 않았다. 특히 본격적인 여름 성수기를 앞두고 있는 6월의 아말피와 포지타노의 숙소 가격은 상상을 초월할 뿐 아니라 빈방을 찾기조차 어려웠다. 그에 반해 아말피코스트가 내려다보이는 언덕에 자리 잡은 작은 마을 라벨로의 숙소 가격은 아말피와 포지타노의 딱 절반 정도였다. 우리는 라벨로를 베이스캠프 삼아 아말피코스트 여기저기를 쏘다니다 소렌토로 숙소를 옮겨 폼페이 유적지와 카프리섬까지 두루두루 둘러보기로 했다.

아말피코스트의 관문 도시 살레르노에서 출발해 아말피코스트가 본격적으로 시작되는 비에트리 술 마레, 마이오리, 미노리, 라벨로를 지나 아말피까지 달렸다. 영롱한 푸른빛 바다로는 어느 곳과 견주어도 선두 자리를 내줄 것 같지 않은 아말피의 바다를 따라 달리는 내내 감탄사가 끊이지 않았다. 태양 빛을 그대로 흡수한 바다는 평화롭게 반짝였고, 파란색 파라솔과 비치 체어가 늘어서 있는 마리아 그란데 해변에서는 휴양지 특유의 경쾌함이 느껴졌다.

해변에서 바다로 난 문, 포르타 델라 마리나를 지나면 아말피의 중심인 두오모 광장이 나온다. 작은 광장을 촘촘하게 메우고 있는 레스토랑과 카페의 야외 테이블은 사람들로 입추의 여지가 없었다. 아말피에서 가장 붐비는 골목길 로렌초 아말피 거리와 두오모 성당을 둘러본 뒤 다시 해안을 따라 포지타노로 향했다.

(위) 아말피의 랜드마크 두오모 성당, 아말피
(아래) 야외 테이블이 빼곡히 들어선 두오모 광장, 아말피

(위) 알록달록 집들이 들어선 해안 절벽, 포지타노
(아래) 포지타노의 메인 해변 스피아자 그란데, 포지타노

포지타노는 아말피코스트의 예쁜 앞 얼굴을 볼 수 있는 마을이다. 해안 절벽에 집들이 아롱다롱 자리한 포지타노의 풍경은 아말피코스트를 소개하는 책자의 표지나 엽서에 단골로 등장한다. 검은 자갈 해변인 스피아자 그란데에는 무더기로 쏟아지는 햇살을 온몸으로 받으며 일광욕을 즐기는 피서객들로 북적거렸다. 초록빛 둥근 돔과 화려한 색채의 마졸리카 타일이 시선을 붙잡는 산타 마리아 아순타 성당을 둘러본 뒤 향한 물리니 광장에는 공들여 꾸민 부티크와 기념품 숍, 경쾌한 그림과 화려한 공예품을 전시하는 정갈한 갤러리가 즐비하게 늘어서 여행객 발길을 붙들었다.

아말피와 포지타노가 왁자한 휴양지라면, 해발 365m 언덕에 있는 마을 라벨로는 대자연 속에서 조용한 시간을 보낼 수 있는 휴식처다. 급경사에 수더분하게 조성된 테라스는 보는 것만으로도 마음이 차분해지고, 라벨로의 명소인 빌라 루폴로와 빌라 침브로네에서 내려다보는 바다는 힐링 그 자체다. 라벨로의 고즈넉함에 반해 여생을 보낸 리하르트 바그너는 그의 마지막 오페라 〈지르지팔〉을 빌라 루폴로에서 작곡했다. 빌라 루폴로에서는 여름이면 바그너를 기리기 위한 세계적인 음악 축제가 열린다. 정원 가장자리에 설치된 무대는 하늘과 바다 사이에 둥실둥실 떠 있는 듯했고, 깊어가는 여름밤 달빛 아래 펼쳐지는 선율에는 서정적 깊이와 울림이 있었다.

화산처럼 뜨겁게, 레몬처럼 상큼하게

포지타노를 지나 내륙으로 이어진 도로로 들어서면 베수비오 화산이 보이는 소렌토에 다다른다. 가곡 〈돌아오라 소렌토로〉를 통해서도 우리에게 익숙한 소렌토는 고대 로마 제국 시대부터 오랜 세월 인기 휴양지로 사랑받고 있다.

증기기관차를 닮은 꼬마 기차가 관광객들을 싣고 광장을 가로지르는 모습이 꽤 인상적인 타소 광장을 둘러본 뒤 레스토랑과 카페, 호텔, 기념품 숍이 둘러싸고 있는 광장 주변을 탐색하듯 걷다 보니 어디선가 상큼한 레몬 향기가 풍겼다.

카프리섬으로 가는 배 선착장, 소렌토

아말피코스트의 레몬은 향이 진하고 껍질이 얇아 뛰어난 품질을 자랑한다. 세계 최고의 레몬 생산지답게 레몬 사탕, 레몬 젤리 같은 먹을거리와 레몬을 모티브로 한 접시와 컵, 꽃병 같은 각종 기념품이 넘쳐난다. 곳곳에 퍼져 있는 레몬 향 때문인지, 이것저것 구경을 하다 보니 어느새 목이 말라왔고, 우리는 상큼함 가득한 리몬첼로를 마셨다. 리몬첼로는 주로 이탈리아의 남부 지역에서 입가심으로 차갑게 마시는 식후 음료다.

타소 광장 부근에 있다는 뷰 포인트를 찾았다. 바닷가 쪽 절벽 사이로 해안 도로가 나 있고, 해안 도로 뒤쪽으로 하늘과의 경계를 가늠하기 어려운 바다가 빼꼼히 보였다. 이름 있는 관광 명소는 아니었지만, 많은 여행객이 이곳에서 기념사진을 찍는다고 한다. 소렌토에서의 추억을 추가하듯 우리 역시 셔터를 눌러 추억 하나를 더 쌓아올렸다. 뷰 포인트에서 절벽 아래로 내려가면 카프리섬으로 가는 배가 출발하는 선착장이 나온다.

풍경으로 점철된 아말피코스트 여행에서 세밀하게 봐야 하는 곳이 있다. 2천 년 전 사라졌던 고대 도시 폼페이다. 1979년 8월 베수비오산 화산 폭발로 한순간에 사라진 폼페이의 비극적인 서사는 때로는 영화나 소설의 소재로, 때로는 다큐멘터리로 수없이 다뤄져 왔다. 15m의 화산재 아래 묻혀버린 도시는 1748년 발굴이 시작되면서 2천 년이라는 세월을 고스란히 담은 집과 상점, 술집, 목욕탕 같은 건물들이 모습을 드러냈고, 현재 3분의 2 정도 발굴되었다. _**윤영주**

상큼한 향기가 풍기는 레몬 기념품 숍. 소렌토

여행 정보

HEY! Get ready!

How to get there

대한항공, 아시아나항공, 알리탈리아항공에서 인천-로마 구간 직항편을 운항하고 있다. 소요 시간은 약 12시간 10분이다. 로마에서 아말피로 가려면 먼저 나폴리 혹은 살레르노로 이동해야 한다. 로마에서 나폴리까지는 기차로 약 1시간 10분이 소요되며, 로마에서 살레르노까지는 2시간이 걸린다.

Where to go

● **아말피 두오모 성당**Duomo di Amalfi : 두오모 광장 계단 꼭대기에 우뚝 서 있는 성당이다. 여러 번의 개축을 거쳐 로마네스크, 비잔틴, 고딕, 바로크 양식이 혼재된 독특한 건축물을 자랑한다. 예수의 12제자 중 1명이자 아말피의 수호성인 성 안드레아에게 봉헌되어 '성 안드레아 대성당'이라고도 불린다. 성당 내부에는 금으로 장식된 성 안드레아의 흉상이 있다.

ADD. Piazza Duomo, 84011 Amalfi

● **빌라 루폴로**Villa Rufolo : 예술에 대한 지원을 아낌없이 했던 부유한 루폴로 가문이 13세기에 지은 빌라다. 19세기 중반 대대적인 리모델링을 통해 현재 라벨로를 찾는 관광객에게 개방되고 있다. 사시사철 꽃나무가 피는 탐스러운 정원도 아름답지만, 빌라 루폴로의 압권은 높이 350m의 테라스에서 내려다보는 아말피 해안이다. 환상적인 풍광에 한동안 넋을 잃고 바라보게 된다.

ADD. Piazza Duomo, 84010 Ravello

Where to eat

● **리스토란테 진토니오**Ristorante Zi'Ntonio : 소렌토에서 손꼽히는 맛집이다. 2층 규모의 큰 공간인데도 현지인과 관광객으로 이른 저녁부터 빈자리를 찾기 힘들다. 파스타, 리소토, 피자, 스테이크 등 선택의 폭이 넓은 수십 가지의 메뉴 중에 뭘 먹어야 할지 고민된다면, 해산물이 들어간 파스타나 피자를 주문하자. 정갈한 테이블보와 흰색 셔츠를 차려입은 서버의 능숙한 서비스가 만족도를 더해준다.

ADD. Via Luigi de Maio, 11, 80067 Sorrento

● **젤라트리아 프리마베라**Gelateria Primavera : 이탈리아 여행 중 하루에 한 번 꼭 해야 할 일이 있으니, 바로 젤라토를 맛보는 것! 이름난 젤라토 매장에서 선보이는 젤라토는 웬만하면 실망하는 법이 없다. 소렌토에서는 젤라트리아 프리마베라가 젤라토 터줏대감이다. 입구에서부터 내부의 벽과 천장까지 이곳을 찾은 유명인들의 사진이 도배되어 있다. 다양한 젤라토 가운데 소렌토 레몬(Limone di Sorrento)은 눈이 번쩍 뜨일 정도로 새콤하다. 또 세 가지 종류의 피스타치오 젤라토도 인기다.

ADD. Corso Italia, 142, 80067 Sorrento URL. primaverasorrento.it

● **리스토란테 발레 데 물리니**Listorante Valle dei Mulini

물리니 광장을 지나 언덕을 오르면 나오는 레스토랑이다. 현지인이 추천하는 맛집으로 화덕에서 구운 다양한 종류의 피자와 파스타를 두루두루 맛볼 수 있다. 싱싱한 해산물로 만든 요리도 추천한다. 탐스러운 레몬이 주렁주렁 열린 나무가 싱그러운 야외 테이블에 앉아 여유롭게 식사를 즐겨보자.

ADD. Viale Pasitea,25, 84017 Positano

Where to stay

●**호텔 크리스티나**Hotel Cristina : 40개의 객실을 갖춘 4성급 호텔이다. 객실의 넓은 발코니, 베수비오산이 한눈에 보이는 레스토랑과 수영장 등 호텔 크리스티나는 곳곳에서 뛰어난 전망을 만끽할 수 있다. 특히 환상적인 일몰을 볼 수 있는 레스토랑에서의 저녁 식사는 놓치지 말길. 소렌토 기차역에서 도보로 20분이면 갈 수 있고, 타소 광장까지 셔틀버스를 운행하고 있다.

ADD. Via Privata Rubinacci, 6 – 80065 Sant'Agnello, Sorrento

URL. hotelcristinasorrento.it

●**토르 델로 지로**Torre Dello Ziro : 라벨로에서 아말피까지 이어지는 산기슭에 있는 B&B다. 투숙객 누구나 평화롭게 쉬어갈 수 있는 공간으로, 아말피 바다가 파노라마처럼 펼쳐지고 꽃이 만발한 정원이 사랑스럽다. 편의 시설을 두루 갖춘 깔끔한 객실은 물론, B&B의 미덕인 맛있는 가정식과 친절한 주인장이 이곳에 머무는 시간을 더욱 기분 좋게 해준다. 3월 말부터 10월 첫 주까지만 오픈한다.

ADD. Via delle Cartiere, 6 (Via Cigliano) - 84010 Ravello

URL. www.torredelloziro.com

Suggestion Schedule

1 Day

오전 : 로마 레오나르도다빈치 공항 도착

로마 테르미니 기차역으로 이동 후 살레르노행 기차 탑승

오후 : 살레르노 도착 후 라벨로까지 아말피코스트 드라이브

2 Day

오전 : 마리아 그란데 해변, 두오모 광장, 두오모 등 아말피 돌아다니기

오후 : 산타 마리아 아순타 성당, 물리니 광장 등 포지타노 돌아다니기

3 Day

오전 : 라벨로의 빌라 루폴로, 빌라 침브로네에서 멋진 전망 만끽하기

오후 : 소렌토까지 아말피코스트 드라이브

타소 광장 및 절벽 해안 도로 뷰 포인트에서 일몰 감상

4 Day

오전/오후 : 카프리섬 데이 투어

5 Day

오전/오후 : 폼페이 데이 투어

6 Day

오전 : 나폴리로 이동 후 로마행 기차 탑승

오후 : 로마 테르미니 기차역 도착 후 로마 레오나르도다빈치 공항으로 이동

한국행 비행기 탑승

7 Day

오전 : 인천 국제공항 도착

마음이 간질간질해지는 바다

오키나와

일본 100대 절경 중 하나인 가비라 해변, 이시가키섬

한국에서 가장 가까운 남국의 섬

어렸을 땐 '십년지기 친구'라고 하면 엄청 오래된 친구인 줄로만 알았다. 나이가 들고 보니 10년 친구는 부지기수요, 어느덧 30년지기 친구까지 생겨났다. 그중에는 초등학교 때부터 친했던, 〈빨강머리 앤〉의 앤과 다이애나 부럽지 않은 '마음의 벗'이라 자부하는 친구가 있다. 우리는 문지방이 닳을 정도로 서로의 집을 드나들면서 시시콜콜한 것들까지 공유했다. 하지만 서로 결혼을 하고는 1년에 한두 번 만날까 말까, 서로의 삶에 치여 한동안 만나지 못했던 그녀와 둘만의 해외여행을 떠나기로 했다. 여행에서 남는 거라곤 사진이 아니던가. 카메라나 휴대폰만 갖다 대도 인스타 감성 충만한 인생 사진을 남기기 위해 병아리 감별사처럼 까다롭게 고른 여행지는 다름 아닌 오키나와였다.

1년 중 절반이 여름인 오키나와는 동남아보다 가까우면서도 남국의 기분을 듬뿍 느낄 수 있는 곳이다. 일본 본토와는 전혀 다른 문화와 역사를 품고 있는가 하면 박하사탕을 먹은 듯한 상쾌함이 느껴지는 바다가 여행자의 마음을 설레게 한다. 무엇보다도 오키나와에는 여심을 툭 건드리는 '무엇'이 있다.

오키나와의 연평균 기온은 섭씨 22.3도. 4월에 시작되어 9월과 10월 사이에 끝나는 여름에도 최고 기온이 30도를 넘지 않아 불쾌하지 않은 날씨가 이어진다. 오키나와에서 가장 먼저 할 일은 유명 관광지에 가기보다는 옥색, 터키색, 토파즈 같은 다채로운 푸른색이 섞인 오키나와 바다에 마음을 빼앗기는 것이다. 거기에 체험 다이빙, 글라스 보텀 보트, 고래 생태 관찰 같은 다양한 해양 액티비티까지 더하면 그야말로 오키나와를 원 없이 즐길 수 있다.

오키나와에서 누릴 수 있는 또 하나의 특권은 호캉스다. 오키나와에서도 환상적인 바다를 품고 있는 오키나와 북부는 고급 리조트들이 몰려 있어 리조트에서 휴식을 만끽할 수 있는 최적의 장소다. 20대 때 처음 해외여행을 갔을 때만 해도 숙소는 단지 잠만 자는 곳이라고 생각했지만, 방문 여행지 수가 늘어나고 나이가 들면서 호텔에

(위) 길이 8m의 고래상어를 볼 수 있는 쓰라우미 수족관
(아래) 코끼리를 닮은 만자모

서 누리는 편안함과 아늑함을 알게 되었다. 이번 친구와의 여행에서는 '호캉스'를 누리기 위해 주저 없이 고급 리조트를 예약했다. 오키나와의 고급 리조트는 대부분 투숙객을 위한 프라이빗 비치를 갖추고 있다. 분초 단위로 시간을 쪼개서 일하던 일상에서 벗어나 투명한 햇살이 내리쬐는 선베드에 몸을 눕히고 파도 소리를 음악 삼아 무념무상에 잠기는 것보다 더 행복한 휴식은 없을 것이다.

눈으로 어루만지는 풍경

리조트에서의 나른한 휴식을 뒤로하고 차를 타고 섬 일주를 했다. 운전면허가 없는 친구 대신 호기롭게 운전대를 잡았다. 한국과는 운전석이 반대인 탓에 처음에는 살짝 긴장됐지만, 오키나와의 중심인 나하 시내를 벗어나자 도로는 한적했다. 더구나 도로를 달리는 차량 대부분이 시속 60km를 넘지 않아 오키나와의 풍경과 바람을 만끽하며 드라이브를 즐길 수 있었다.

쓰라우미 수족관은 오키나와를 대표하는 인기 관광지인 만큼 어디를 가든 여유로운 오키나와에서 유일하게 사람들이 북적이는 곳이다. 쓰라우미는 '아름다운 바다'를 뜻하는 오키나와 방언으로, 오키나와 근해에 서식하는 해양 생물들의 집합소다. 쓰라우미 수족관의 백미는 길이 35m, 너비 27m의 대형 패널 유리 수족관인데, 다른 수족관에 기껏 한두 마리 있는 만타 가오리가 떼 지어 다니는 모습에 한 번 놀라고, 유유히 헤엄치는 고래상어의 길이가 8m를 넘는다는 사실에 또 한 번 놀란다.

쓰라우미 수족관에서 차를 타고 남쪽으로 달리다 보면 코끼리를 쏙 빼닮은 거대한 석회암 절벽에 다다른다. 축구장만큼이나 널찍한 절벽 위 공간에 만 명이 충분히 앉을 수 있다고 해서 이 절벽은 '만자모(万座毛)'라고 불린다. 오키나와 서쪽 바다를 바라보고 있는 만자모는 일몰 때 그 진가를 발휘한다. 푸른 바다 위로 붉은빛이 서서히 녹아들면서 코끼리 바위에 빛의 실루엣이 드리워지면 탄성과 함께 쉴 새 없이 카메라 셔터를 누르게 된다. 잠시 멍하니 수평선 너머로 지는 붉은 노을을 보고 있으면 어느새 마음이 몽글몽글해진다.

독자적인 문화 류큐 왕국

오키나와는 제주도와 마찬가지로 날씨뿐만 아니라 풍속, 음식 등 일본 본토와는 다른 고유한 문화를 지니고 있다. 그도 그럴 것이 오키나와는 17세기까지 일본 영토가 아니었다. 15세기 이전까지 여러 집단이 세력을 다투다가 1429년 류큐 왕국이 통일 독립국을 이루었다. 류큐 왕국은 동북아시아와 동남아시아를 잇는 해상로에 있어 중국과 한국, 일본의 영향을 받아 독특한 문화를 지니게 되었다. 그러다 1879년 일본의 침략을 받아 450년의 왕조를 끝내고 지금의 오키나와현이 되었다. 지금은 많이 사라진 류큐 왕조 문화는 민속촌인 류큐무라에서 직접 보고 체험할 수 있다. 이곳은 오키나와 각지에서 100년에서 200년 넘은 민가들을 그대로 옮겨와 조성했는데, 화려하기 그지없는 류큐 시대의 의상을 입어보거나 류큐의 전통 악기 '샤미센'을 배워보는 것도 흥미롭다.

오키나와의 중심인 나하에는 류큐 왕국의 왕성인 슈리성이 자리한다. 최초의 통일 왕조인 류큐 왕국을 수립하고 왕위에 오른 쇼하시가 기존의 성 중에 하나를 정비하여 정치의 중심으로 삼은 슈리성은 태평양 전쟁 당시 소실되었다가 1992년 현재의 모습으로 복원되어 2000년 세계문화유산에 등재되었다. 슈리성은 건물의 배치와 장식이 일본보다는 중국의 성과 닮았다. 선명한 붉은색 외관으로 이목을 집중시키는 '세이덴(왕이 거주했던 정전)'은 류큐 왕국 최대의 목조 건물로 금박과 용 문양으로 장식된 내부를 둘러보다 보면 화려했던 과거를 유추할 수 있다. 안타깝게도 슈리성은 2019년 10월 31일, 복원 27년 만에 화재로 전소되었다. 하루빨리 복원되어 온전한 모습을 되찾았으면 하는 바람이다.

(위) 최근 화재로 전소된 슈리성 본전
(아래) 류큐 왕조 문화가 남아 있는 민속촌 류큐무라

이시가키 최서단에 위치한 우간자키곶, 이시가키섬

여행자의 눈과 감성을 채우는 섬들

오키나와는 그 자체가 섬이자 무려 160여 개의 부속 섬들로 이루어져 있다. 이 중 사람이 사는 섬은 48개다. 오키나와의 진짜 매력은 부속 섬에 있다고 해도 과언이 아니다. 섬들 가운데 가장 아름다운 바다를 품고 있는 이시가키섬은 오키나와 본섬에서 남서쪽으로 430km 떨어져 있다. 이시가키섬까지는 나하 공항에서 비행기로 1시간 정도 걸린다.

한 가지 색으로 형용하기 힘들 정도로 오묘한 색의 바다가 펼쳐지는 이시가키섬의 가비라 해변은 일본 100대 절경 중 하나로 꼽힌다. 가비라 해변을 찾은 이들은 해질 무렵이 되면 마치 약속이라도 한 듯 섬의 서쪽에 자리한 우간자키곶으로 향한다. 하얀 포말이 부서지는 짙푸른 바다와 언덕 위에 오도카니 서 있는 새하얀 등대, 낙조가 어우러진 로맨틱한 풍경이 배경이 되면 영화 포스터 속 주인공도 남부럽지 않다. 그래서일까? 눈에서 꿀이 뚝뚝 떨어지는 신혼 여행객들을 심심치 않게 찾을 수 있다.

이시가키항에서 쾌속선을 타고 50분 정도 가자 오키나와에서 두 번째로 큰 이리오모테섬에 도착했다. 야생의 섬 이리오모테에는 세계적인 희귀 동식물들이 다수 서식하는데, 그중 하나가 이리오모테 산고양이다. 애니메이션 〈아즈망가 대왕〉에서 이리오모테섬으로 수학여행을 간 주인공이 고양이를 만나는데, 그 고양이가 바로 이리오모테 산고양이다. 살쾡이와 비슷하게 생긴 이리오모테 산고양이는 멸종 위기 보호 동물로 지정되어 이 섬에서 100여 마리 정도가 살고 있다.

섬의 절반이 원시림으로 둘러싸인 이리오모테섬은 일본 최대의 맹그로브 지역으로도 잘 알려져 있다. 작은 보트를 타고 강을 거슬러 올라가며 수령 400년 된 거대한 원시림을 둘러보고 있자니 마치 거인국에 온 듯한 착각이 들었다. 이리오모테섬에서 약 400m 떨어져 있는 작은 유부섬까지 물소 마차를 타고 소풍 삼아 다녀오는 것도 즐거웠다. 두 섬 사이에는 발목 높이 정도의 얕은 물이 흐르고 있어 과거 두 섬 사이의 운송 수단으로 물소가 끄는 마차가 애용되었는데, 현재 이곳은 이리오모테를 대표하는 인기 관광 코스로 사랑받고 있다.

누군가 말했다. 완벽한 오키나와 여행의 마지막 퍼즐 조각을 맞추기 위해서는 이리오모테섬 최북단에 있는 별 모래사장까지 꼭 가봐야 한다고. 언뜻 보면 별다를 것 없어 보이지만, 사실 이 해변에는 별천지가 가득하다. 왜냐하면 그 이름처럼 별 모양의 모래가 깔려 있기 때문이다. 설마 하는 마음에 손바닥으로 모래를 들어 올리자 정말 이지 영락없는 별 모양이었다. 소원을 이루어주는 모래라는 말에 솔깃해 기념품으로 모래 한 봉지를 사서 친구와 함께 나지막이 소원을 빌었다. 10년 뒤 우리를 다시 이곳으로 이끌어 달라고. _**윤영주**

관광객을 실어 나르는 이색적인 물소 마차, 이리오모테섬

별 모양 모래가 가득한 별모래 사장, 이리오모테섬

여행 정보

HEY! **Get ready!**

How to get there

아시아나항공을 비롯해 제주항공, 에어서울, 진에어, 티웨이항공 등 다양한 저가 항공사에서 인천-오키나와 구간 직항편을 운항하고 있다. 소요 시간은 2시간 10분이다.

Where to go

●나키진 성터今帰仁城跡 **:** 13~14세기 오키나와 북부 지역을 통치하던 세력이 축조한 성터다. 길고 견고한 성벽 때문에 '오키나와의 만리장성'이라고 불린다. 표고 100m에 자리해 있는데, 성벽 너머로 탁 트인 바다가 펼쳐진다. 벚꽃 축제가 열리는 매년 1월부터 2월에는 흐드러지게 핀 벚꽃이 장관을 이룬다.

ADD. 早良区百道浜2丁目3-2 6i **URL.** nakijinjoseki.jp

●국제거리国際通り **:** 오키나와의 번화가이자 여행자 거리다. 1.6km 거리를 따라 다양한 기념품점과 음식점들이 즐비해 있다. 이곳에서는 카리유시(오키나와 스타일의 하와이안 셔츠) 같은 오키나와 기념품이나 베니이모(자색 고구마 타르트) 같은 오키나와 특산물을 살 수 있다.

ADD. 沖縄県那覇市牧志3-2-10

URL. naha-kokusaidori.okinawa/kr

Where to eat

● **하쿠넨코카 우후야**百年古家 大家 : 오키나와 북부에는 오키나와 고유의 소바 맛집이 모여 있는 소바 거리(そば街道)가 있다. 오키나와의 명물 소바는 돼지고기와 가다랑어포로 낸 육수에 오키나와의 토종 흑돼지 '아구'를 고명으로 올린 게 특징이다. 100년 전통의 오키나와 전통 고택을 개조한 우후야는 오키나와 소바 맛집으로 명성이 자자하다. 식사를 마친 뒤 고택 주변으로 조성된 산책로를 거니는 것도 운치 있다.

ADD. 沖縄県名護市中山90

URL. ufuya.com

● **카페 구루쿠마**カフェくるくま : 오키나와에서 인스타 감성 넘치는 사진을 찍을 수 있는 최적의 장소다. 멋진 바다를 만끽하며 태국 음식을 즐길 수 있는 카페 구루쿠마는 오키나와 남부의 최고의 인기 스팟으로 꼽히는데, 식사 시간이면 1시간씩 기다려야 할 정도로 문전성시를 이룬다. 전망을 내세우는 곳은 음식 맛이 기대에 못 미치기도 하는데, 이곳의 태국 요리는 전망에 뒤지지 않을 만큼 맛있다.

ADD. 沖縄県南城市知念字知念1190

URL. www.nakazen.co.jp/cafe

● **가진호우**花人逢 : 산 중턱에 있어 또 다른 느낌의 바다 전망을 즐기며 식사를 할 수 있다. 전통 가옥 스타일의 건물에서 맛보는 피자 또한 이색적으로 다가온다. 장작에 구운 바삭한 도우와 오키나와산 치즈가 입맛을 사로잡는다. 피자에 곁들일 음료로는 이곳의 시그니처 음료인 아세롤라 주스가 딱이다. 단, 화요일과 수요일은 휴무이며, 현금만 받는다는 점을 기억하자.

ADD. 沖縄県国頭郡本部町山里1153-2

URL. kajinhou.com

Where to stay

● 오키나와 메리어트 리조트 & 스파Okinawa Marriot Resort & Spa

오키나와 북부에 자리한 리조트 가운데서도 탁월한 전망과 6개의 레스토랑, 스파 등 다채로운 부대시설로 좋은 평가를 받고 있다. 특히 오키나와현 최대 규모인 길이 170m의 가든 풀은 독보적이라고 할 수 있다.

ADD. 沖縄県名護市喜瀬1490-1

URL. www.okinawa-marriott.com/ko

● ANA 인터콘티넨탈 이시가키 리조트ANA InterContinental ISHGAKI Resort

이시가키 최고의 리조트로 단 한 곳을 꼽으라면 바로 ANA 인터콘티넨탈 이시가키 리조트가 아닐까. 작은 섬에 이 같은 리조트가 있다는 게 믿기지 않을 정도로 세계적 수준의 시설을 갖추고 있다. 특히 프라이빗 비치와 지중해풍의 낭만적인 웨딩 채플을 보유하고 있다.

ADD. 沖縄県石垣市真栄里354-1

URL. www.anaintercontinental-ishigaki.jp

Suggestion Schedule

1 Day

오전 : 나하 국제공항 도착

오후 : 리조트에서 여유로운 휴식

2 Day

오전 : 쓰라우미 수족관, 니키진 성터 관광

오후 : 류큐무라 체험 및 만자모에서 일몰 감상

3 Day

오전/오후 : 나하로 이동 후 시내 및 국제거리 관광

4 Day

오전 : 이시가키로 이동

오후 : 가비라 만, 우간자키곶 관광

5 Day

오전/오후 : 이리오모테섬 투어

6 Day

오전 : 나하로 이동 후 한국행 비행기 탑승

오후 : 인천 국제공항 도착

도시와 자연이 어우러진 교향곡

호주 시드니 & 케언스

본다이 비치의 아이스버그 수영장, 시드니

호주의 마법

"먹여주고 재워줄게. 넌 그냥 비행기 표만 끊어 와."

1월에 몰아친 한파와 1년째 이어지고 있는 지지부진한 책 마감으로 마냥 칩거하고 있던 어느 날, 대학 동창한테서 전화가 걸려 왔다. 관광학과 교수인 그녀는 겨울방학 동안 호주로 인턴십을 가는 학생들을 인솔하게 되었는데, 인솔 외에는 별다른 일정이 없으니 함께 가면 어떻겠냐고 권유했다. 마감이고 뭐고 그냥 어디라도 가고 싶은 욕망을 간신히 꾹꾹 누르고 있던 참이라 평소 여행 장단이 잘 맞았던 그녀의 제안에 귀가 솔깃했다. 게다가 숙소와 식사비까지 책임져 준다니, 물가 비싼 호주를 여행할 좋은 기회가 아닐 수 없었다. 어쩌면 여행으로 기분 전환을 하고 오면 일도 손에 더 잘 잡힐지도 모르는 일이라며, 스스로 여행을 가야 하는 명분을 부여했다.

시드니는 개인적으로 두 번째 방문하는 도시다. 첫 여행은 일주일간 호주와 뉴질랜드를 도는 패키지 여행으로, 시드니에서 허락된 일정은 단 하루. 오페라 하우스에 발 도장을 찍고 동물원에서 캥거루와 기념사진을 남기는 것으로 시드니 일정을 마무리하고 숨 가쁘게 호주의 몇몇 도시를 둘러본 뒤 뉴질랜드로 떠나는 일정이었다. 이번 여행은 열흘 정도의 여정이라 마음만 먹으면 호주 일주도 가능했지만, 나는 시드니와 케언스 딱 두 도시만 가기로 마음먹었다. 그런 만큼 관광지 위주로 바삐 돌아보는 여행이 아니라 느지막이 일어나 브런치를 먹은 뒤 해변에 매트를 깔고 누워 책을 읽다가 오후가 되면 카페에 앉아 느긋하게 차를 즐기는 슬로 라이프로 일정을 짰다.

시드니에 도착해서 호텔에 짐만 두고 먼저 찾은 곳은 달링하버였다. 과거 발전소와 조선소가 있었던 달링하버는 1988년 호주 건국 200주년을 기념하는 재개발 사업을 계기로 현대적으로 탈바꿈되어 여행자들을 불러 모으는 명소로 자리 잡았다. 시드니 아쿠아리움, 스타시티 카지노, 하버 사이드 쇼핑센터, 코클 베이 워프 등 인기 명소가 모여 있는 달링하버가 시드니에서 차지하는 비중은 절대적이다. 하지만 나에게 달링하버의 주인공은 야경이었다. 레스토랑의 야외 테이블에 앉아 달링하버의 야경을 바라보며 즐기는 저녁 식사는 실로 마법과도 같은 순간이었다.

모든 것이 아름다운 시드니

시드니의 대표 명소 오페라 하우스와 하버 브리지에 간 건 시드니에 도착한 지 3일이 지나서였다. 일몰을 한 시간 정도 앞두고 오른쪽으로는 오페라 하우스가, 왼쪽으로는 하버 브리지가 펼쳐지는 페리 선착장 서큘러 키로 향했다. 서큘러 키에서 오페라하우스까지 조성된 산책로를 따라 걷다가 노천카페에서 샴페인 한 잔을 테이크아웃했다. 그러고는 오페라 하우스와 하버 브리지가 잘 보이는 데에 자리를 잡고 앉아 푸름과 붉음이 섞인 하늘과 멋진 조화를 이루는 오페라 하우스의 하얀 지붕을 눈으로 훑으며 샴페인을 홀짝였다. 자유분방한 거리의 공연 소리까지 더해져 시드니에 '낭만'이라는 색을 덧칠했다.

시드니는 팔방미인이다. 도시 자체도 매력적이지만, 바다나 산간의 풍경도 빼어나다. 시드니에서 가장 인기 있는 본다이 비치는 엽서나 영화에 단골로 등장하는 해변으로, 집채만 한 파도에서 서핑을 즐기기 위해 많은 서퍼가 찾는 곳으로도 유명하다. 또 SNS 입소문을 타면서 사계절 야외 수영장 아이스버그는 본다이 비치를 대표하는 명소가 되었다.

시드니 외곽으로 눈을 돌리면 자연의 야성미와 마주하게 된다. 그중에서도 협곡과 기암괴석이 절차탁마해서 만들어낸 블루 마운틴과, 바다와 모래 사구를 동시에 품고 있는 포트 스테판이 대표적이다. 두 곳 다 대중교통을 이용해 갈 수 있지만, 이것저것 알아보는 수고를 덜기 위해 나는 시드니에서 출발하는 데이 투어를 신청했다. 하지만 아쉽게도 궂은 날씨 때문에 블루 마운틴 투어가 취소되어 포트 스테판 투어만 다녀올 수 있었다.

이른 아침 시드니에서 투어 버스를 타고 북쪽으로 3시간 달려 포트 스테판에

(위) 요트 돛과 조개껍데기가 모티브인 오페라 하우스, 시드니
(아래) 서퍼들이 즐겨 찾는 본다이 비치, 시드니

(위) 포트 스테판 사구에서 즐기는 모래 썰매, 시드니
(아래) 경이로운 산호 군락을 감상할 수 있는 그레이트 배리어 리프, 케언스

도착했다. 가장 먼저 돌핀 크루즈를 타고 야생 돌고래와 조우했다. 어렵사리 돌고래를 찾으러 다녀야 했던 다른 돌핀 크루즈와는 달리 지천으로 돌고래를 볼 수 있었다. 그 뒤 사구로 이동해 모래 썰매를 즐겼다. 뜨겁게 내리쬐는 태양 아래서 모래 언덕을 타고 내려오는 기분은 생경하면서도 스릴 넘쳤고, 시드니로 돌아오는 길에 들른 와이너리에서 맛본 와인의 맛까지 더해져 포트 스테판 투어는 완벽한 하루를 선사했다.

태양 아래 즐기는 완벽한 휴양

5월부터 기온이 내려가는 시드니와 달리 1년 내내 온화한 기온이 이어지는 작은 해안 도시 케언스는 호주 사람들 사이에서도 손꼽히는 여행지이자 전 세계 관광객들이 몰려드는 이름난 휴양지이기도 하다. 북동 해안을 따라 발달한 산호초 지대 그레이트 배리어 리프와 데인트리 우림과 같이 세계에서 유일무이하게 한 지역에 두 곳이 유네스코 세계자연유산으로 등재되었다는 점이 관광객들의 발길을 이곳으로 이끄는 가장 큰 이유가 아닐까 싶다.

나를 케언스로 이끈 건 우주에서도 보인다는 산호 군락 그레이트 배리어 리프였다. 약 2,000km에 이르는 지역에 400여 종의 산호초와 1,500여 종의 어종, 4,000여 종의 연체동물이 서식하고 있다니, 그저 놀라울 따름이었다. 애니메이션 〈니모를 찾아서〉의 배경지가 되기도 한 그레이트 배리어 리프의 비경을 만나기 위해서는 배를 타고 1시간 30분 정도 가야 하는 수고가 뒤따른다. 하지만 선상에서 일광욕을 즐기며 하릴없이 시간을 보내다 보면 어느덧 바다 한가운데 정박되어 있는 수상 플랫폼인 리프 월드에 다다른다. 이곳을 기점으로 스노클링과 다이빙 같은 해양 액티비티를 통해 탐스러운 꽃밭처럼 보이는 올망졸망한 산호초와 신비로움 가득한 형형색색의 어종을 손에 잡힐 듯 가까이 만날 수 있다. 산호초 군락을 가장 또렷하게 볼 수 있는 방법은 헬기 투어인데, 헬기를 타고 약 15분 정도 상공에서 바라본 그레이트 배리어 리프는 실로 경이로웠다.

에스플러네이드 라군 주변 잔디밭 풍경, 케언스

케언스는 스카이다이빙과 래프팅 같은 체험 액티비티의 천국이기도 하다. 고소공포증이 있는지라 스카이다이빙은 언감생심이었고, 래프팅에 도전장을 내밀었다. 바론강과 털리강 두 곳에서 래프팅을 즐길 수 있는데, 나는 바론강보다 급류가 더 세고 래프팅 시간이 긴 털리강을 선택했다. 대형 고무보트에 몸을 싣고 협곡의 장쾌한 풍경과 급물살을 만끽하다 보니 시간이 쏜살같이 지나갔다.

특별한 일정이 없는 날엔 눈을 뜨자마자 수영복을 입고 케언스의 랜드 마크 인공 에스플러네이드 라군으로 향했다. 케언스 해안가는 야생 악어들이 서식하고 있어 대부분의 바다에서 수영이 금지되어 있는데, 케언스시에서는 2003년 모래사장을 갖춘 인공 수영장을 조성했다. 정화한 바닷물로 채워진 수영장에는 1,000명이 동시에 물놀이를 즐길 수 있는 데다 무료로 이용할 수 있다. 한낮의 더위를 식히는 사람들, 볕이 잘 드는 수영장 주변 잔디밭에서 일광욕을 즐기는 연인들, 바비큐를 먹으며 피크닉을 즐기는 가족들의 모습까지, 한없이 평화로운 풍경을 보다 보니 케언스 주민들이 그저 부러울 따름이었다. _**윤영주**

여행 정보

HEY! Get ready!

How to get there

대한항공과 아시아나항공에서 인천-시드니 구간 직항편을 운항하고 있다. 소요 시간은 10시간에서 10시간 30분 정도다. 시드니에서 케언스까지는 타이거에어, 젯스타, 콴타스, 버진 오스트리엘리아 같은 다양한 항공사의 항공편을 타고 갈 수 있다. 소요 시간은 3시간이다.

Where to go

●뉴 사우스 웨일스 주립 미술관 Art Gallery of New South Wales

호주에서 두 번째로 큰 미술관이다. 유려한 르네상스 양식의 외관이 인상적이다. 고흐, 모네 같은 거장의 작품을 무료로 관람할 수 있고, 동서양을 아우르는 작품과 점과 선으로 표현한 호주 원주민의 '에보리지널 아트(Aboriginal Art)'까지 만날 수 있다.

ADD. Art Gallery Rd, Sydney NSW 2000

URL. www.artgallery.nsw.gov.au

●세인트 메리 대성당 St. Mary's Cathedral : 고딕 양식의 쌍둥이 첨탑이 위풍당당한 성당이다. 내부의 위용도 만만치 않다. 황금빛 사암의 벽과 둥근 천장을 떠받치고 있는 대리석 기둥이 강건하기 그지없다. 성당 곳곳을 장식하고 있는 40개의 찬란한 스테인드글라스도 시선을 압도한다. 예수의 탄생과 어린 시절이

19세기 고딕 양식부터 20세기 초의 회화적 스타일로 묘사되어 있다.

ADD. St. Mary's Rd. Sydney URL. www.stmaryscathedral.org.au

● **루나 파크**Luna Park : 1935년 개장한 뒤 여러 번 개폐장을 거듭하다가 2004년 재개장했다. 레트로 감성의 놀이 기구를 배경으로 다수의 영화나 TV 프로그램 촬영지로 이용되기도 했다. 루나 파크는 화려한 조명이 켜지는 밤이 되면 그 진가를 발휘한다. 입구에 있는 커다란 얼굴 모형이 포토 스팟으로 인기인데, 익살맞은 표정을 따라 사진을 찍다 보면 시드니 인증샷이 완성된다.

ADD. 1 Olympic Drive, Milsons Point NSW URL. www.lunaparksydney.com

Where to eat

● **아임 앵거스 스테이크하우스**I'm Angus Steakhouse

시드니의 맛집이 몰려 있는 달링하버에 자리한 이곳은 최고급 호주산 쇠고기 스테이크로 정평이 나 있다. 스테이크와 시푸드가 함께 나오는 서프 & 터프(Surf & Turf)와 캥거루 스테이크도 일품이다. 저녁 시간에 달링하버의 야경을 만끽하며 식사를 즐기기 위해서는 예약 후 방문하는 게 좋다. 디너는 1인 식사 요금에 5달러의 테이블 요금이 별도로 부과된다.

ADD. 109 The Promenade, Cockle Bay Wharf, Darling Harbour, Sydney

URL. imangussteakhouse.com.au

● **마막**Mamak : 호주에서 말레이시아 음식을 이토록 맛있게 먹을 수 있다니! 이곳은 개점 시간에 딱 맞춰 가도 식당 안팎으로 사람들이 넘쳐난다. 나시고랭, 미고랭, 사테 같은 메뉴는 뭘 시켜도 평균 이상의 맛을 낸다. 10가지 종류의 로티(Roti)도 입맛을 사로잡는다. 커리에 찍어 먹는 식사용 로티와 달달한 디저트용 로티가 있다.

ADD. Sussex Centre Management, 15 Goulburn St, Sydney URL. mamak.com.au

● **프라운 스타**Prawn Star : 선상에서 시푸드를 맛보는 호사를 누리며 케언스 여행의 대미를 장식해보면 어떨까? 새우, 게, 랍스터, 연어, 굴은 워낙 신선해서 별다른 레시피 없이 쪘거나 날것으로 나와도 맛있다. 거기에 화이트 와인을 곁들이면 그야말로 금상첨화. 선상에 설치된 긴 나무 테이블과 2인용 테이블이 전부라 자칫 빈자리가 없기 십상이다. 플래터(Plater)는 2단 트레이에 새우, 게, 랍스터가 나와 골고루 맛볼 수 있는 메뉴다. 점보와 라지 두 가지가 있다.

ADD. Pier Point Road | Marlin Marina, E31 Berth, Cairns City

● **페로타스 앳 더 갤러리**Perrotta's at the Gallery

아침 6시 30분부터 문을 열어 이른 아침 식사를 하기 위해 들렀던 곳이다. 프렌치토스트, 에그 베네딕트 같은 다소 평범해 보일 수 있는 메뉴에 오리엔탈 식재료를 가미하거나 신선한 과일과 채소를 푸짐하게 곁들여 색다르게 내온다. 콩나물과 석류를 올린 아보카도 브루스게타(Avocado Bruschetta)가 입맛에 잘 맞았다.

ADD. 38 Abbott St, Cairns City

URL. www.perrottasatg.com

What to buy

● **퀸 빅토리아 빌딩**Queen Victoria Building

시드니 시티홀 맞은편에 있는 쇼핑센터다. 1898년에 지어진 로마네스크 양식과 비잔틴 양식이 혼재된 건물 앞에 빅토리아 여왕 동상이 있다. 내부로 들어가면 그 화려함에 '세계에서 가장 아름다운 쇼핑센터'라고 칭한 디자이너 피에르 가르뎅의 말에 고개가 끄덕여진다. 명품 브랜드가 다수 입점해 있는데, 스와로브스키, 판도라 등 액세서리 브랜드는 한국보다 저렴해 쇼핑의 쾌감을 만끽하게 된다.

ADD. 455 George St. Sydney

URL. www.qvb.com.au

●**케언스 나이트 마켓**Cairns Night Markets : 오후 5시 이후에 문을 여는 나이트 마켓이다. 부메랑, 코알라 모양의 열쇠고리, 꿀, 프로폴리스 치약 같은 호주 기념품과 은 세공품 매장이 있어 시간 가는 줄 모르고 구경하게 된다. 마사지숍 거리도 있는데, 가격이 저렴한 만큼 전문성은 떨어지니 큰 기대는 하지 말자. 푸드 코트에서 즉석에서 갈아주는 생과일 주스는 더운 날씨에 비타민 충전용으로 그만이다.

ADD. 54-60 Abbott St, Cairns City URL. nightmarkets.com.au

Where to stay

●**아디나 아파트먼트 호텔 시드니 센트럴**Adina Apartment Hotel Sydney Central

시드니 시내를 오가는 트램과 시드니 인근을 연결하는 트레인을 운행하는 센트럴역 바로 앞에 있는 4성급 호텔이다. 식당과 먹을거리가 즐비한 차이나타운이 지척이고 달링하버까지 걸어갈 수 있는 거리라 자유 여행객에게는 이보다 더 좋을 수 없다. 길 건너편에는 한인 마트도 있다.

ADD. 2 Lee St, Haymarket NSW 2000

URL. adinahotels.com

●**이비스 스타일스 케언스**Ibis Styles Cairns : 바로 앞에 바닷가는 없지만, 고급 호텔보다 뛰어난 가성비와 편리한 입지를 자랑한다. 케언스 기차역과 10분 거리에 있으며 에스플러네이드 라군까지 도보로 10분, 나이트 마켓까지는 5분이면 갈 수 있다. 수더분한 객실에는 편의 시설이 두루 구비되어 있고, 부대시설로 수영장을 갖추고 있다.

ADD. 15 Florence Street Corner of Florence and, Lake St, Cairns City

URL. ibis-styles.hotels-cairns.com

Suggestion Schedule

1 Day

오전 : 시드니 킹스포드 스미스 국제공항 도착

오후 : 시드니 아쿠아리움, 하버 사이드 쇼핑센터,
코클 베이 워프 등 달링하버 일대 탐험

밤 : 달링하버 야경을 즐기며 저녁 식사

2 Day

오전/오후 : 본다이 비치로 소풍 피크닉 떠나기

3 Day

오전 : 뉴 사우스 웨일스 주립 미술관, 세인트 메리 대성당,
퀸 빅토리아 빌딩 등 시드니 시내 돌아다니기

오후 : 서큘러 키에서 오페라 하우스와 하버 브릿지 일몰 감상

밤 : 루나 파크에서 인증샷 남기기

4 Day

오전 : 시드니 국내선 공항에서 케언스행 비행기 탑승

오후 : 케언스 도착 후 에스플러네이드 라군에서 여유로운 시간 보내기

5 Day

오전/오후 : 그레이트 베리어 리프에서 산호초 감상

6 Day

오전/오후 : 털리강 래프팅 즐기기

7 Day

오전 : 케언스 공항에서 시드니행 비행기 탑승

오후 : 시드니 국내선 공항 도착 후 시드니 킹스포드 스미스 국제공항으로 이동 후
한국행 비행기 탑승

8 Day

오후 : 인천 국제공항 도착

포지타노 물리니 광장, 이탈리아 아말피코스트

무궁 양식의 아름다운 아치가 있는 아그라 포트, 인도

문화 예술 여행

강렬한 예술혼의 매혹

쿠바

쿠바의 아이콘 올드카, 아바나

쿠바의 아이콘

"Are you Korean?"

쿠바 아바나 공항까지 착륙 시간이 30분 남짓 남았을까? 내내 곁눈질로 나를 흘금흘금 훔쳐보던 50대로 보이는 쿠바 여성이 불쑥 말을 건넸다. 한국인이라는 대답에 그녀는 환한 미소와 함께 "우리 딸이 한국 드라마 팬이에요"라며 호감을 표시했다. 쿠바는 북한과 함께 세계에서 유일한 사회주의 국가다. 그렇다 보니 폐쇄적일 거라는 선입견에 여행을 앞두고 줄곧 설렘과 걱정이 교차했는데, 그녀가 건네준 뜻밖의 호의에 그간의 걱정이 순식간에 사라지는 것만 같았다. 나중에 알게 된 사실이지만, 한류 드라마는 물론 방탄소년단이나 엑소 같은 K-pop 팬이 많은 쿠바에는 뜨거운 한류 열풍이 불고 있었다. 하지만 우리가 쿠바에 영향받은 것도 있다. 모히토 칵테일과 부에나 비스타 소셜 클럽의 음악이 그 주인공들이다.

1982년 유네스코 세계문화유산으로 지정된 아바나는 쿠바 여행이 시작되는 곳이자 끝나는 곳이다. 아바나는 카피톨리오가 중심인 센트로 아바나 지역과 체 게바라의 조형물로 유명한 베다도 지역, 그리고 아바나 비에하로 나뉜다. 이 중에서도 아바나를 찾은 관광객들이 가장 오래 머무는 곳이 센트로 아바나인데, 카피톨리오 앞에 다양한 색으로 도열해 있는 올드카를 보며 "드디어 아바나에 왔구나" 하고 실감했다.

경쾌한 경적을 울리며 거리를 활보하는 올드카는 낭만적으로 보이지만, 여기에는 애연한 사연이 담겨 있다. 1519년 스페인이 신대륙을 지배하기 위해 식민지로 삼은 쿠바는 19세기 후반부터 20세기 중반까지 미국의 부호들과 마피아들의 휴양지가 되었다. 하지만 1959년 체 게바라가 이끄는 쿠바 혁명이 승리하면서 미국은 쿠바의 경제를 철저히 봉쇄했고, 쿠바 정부의 모든 수입을 전면 금지하기에 이르렀다. 차 또한 예외가 아니었다. 쿠바인들은 미국인들이 버리고 간 차를 수리해서 타기 시작했는데, 아이러니하게도 그 차가 지금은 쿠바의 아이콘이 되었다.

헤밍웨이가 사랑한 도시

"My mojito in La Bodeguita, My daiquiri in El Floridita(내 모히토는 라 보데기타, 내 다이키리는 엘 플로리디타)."

오비스포 거리에는 어니스트 헤밍웨이가 머물며 글을 썼던 맘보스 문도스 호텔이 있다. 반평생을 쿠바에 살았던 헤밍웨이는 1932년부터 1939년까지 이 호텔 511호에 묵으며 3권의 책을 집필했다. 헤밍웨이의 명성에 비하면 검박하기 그지없는 객실에는 작은 침대가 덩그러니 놓여 있고, 호텔 복도에는 그가 사용했던 오래된 타자기가 놓여 있다. 아바나 곳곳에서 헤밍웨이의 흔적을 되짚어볼 수 있는데, 오비스포 거리에서 두 블록 거리에 있는 라 보데기타는 헤밍웨이가 모히토를, 엘 플로리디타는 다이키리를 즐겼던 곳이다. 다소 이름이 생소한 다이키리는 모히토와 마찬가지로 럼을 베이스로 한 칵테일로, 술을 좋아했던 헤밍웨이를 위해 그의 술벗이었던 흑인 바텐더가 개발했다고 한다. 이 두 술집은 다른 술집보다 2배가 훌쩍 넘는 가격에도 불구하고 헤밍웨이의 유명세로 이른 저녁부터 사람들이 넘친다.

1990년대 후반에 영화와 앨범으로 발표된 부에나 비스타 소셜 클럽은 나를 쿠바로 이끈 일등 공신이다. 한때 '부에나 비스타 소셜 클럽'으로 명성을 얻었던 가수와 연주자들은 1950년대 후반 공산주의 혁명 후 점차 잊혔다. 그들을 다시 무대 위로 올린 건 영화 음악감독 라이 쿠더와 그의 아들이었다. 쿠바 음악에 관심이 많았던 그들은 1997년 6일 만에 한 장의 앨범을 만들었고, 그들이 1999년 뉴욕 카네기 홀에서 공연하기까지의 과정을 담은 다큐멘터리 영화가 탄생하면서 부에나 비스타 소셜 클럽은 다시금 대중의 주목받았다. 부에나 비스타 소셜 클럽 공연은 관광객들이 방문하는 술집에서 종종 열리는데, 운 좋게도 내가 방문했던 날 아흔 살이 넘은 원년 멤버가 직접 건반을 연주하는 공연을 감상할 수 있었다. 스피커가 없음에도 술집 공간 구석구석까지 울려 퍼지는 노랫소리와 연주가 몇 년이 흐른 지금도 선명하게 귓가에 맴돈다.

헤밍웨이가 모히토를 즐겼던 라 보데기타, 아바나

(위) 올드 아바나에서 가장 많은 사람이 오가는 오비스포 거리, 아바나
(아래) 혁명광장의 상징인 체 게바라 형상, 아바나

스페인풍의 작은 도시 트리니다드

아바나에서 비냘레스, 바라데로, 트리니다드 같은 쿠바의 다른 도시로 이동하기 위해서는 쿠바의 합승 택시 콜렉티보를 이용해야 한다. 방향이 같은 네 사람이 채워져야만 움직이기 때문에 쿠바식 민박 카사에서 동승할 탑승객을 연결해주기도 한다. 쿠바의 택시는 미터기가 없다. 콜렉티보도 마찬가지라 요금을 흥정해야 하는데, 여행객들이 주로 찾는 도시는 대부분 가격이 정해져 있다. 쿠바의 콜렉티보는 적어도 한두 군데 고장 났거나 폐차를 앞둔 차가 대부분이다. 내가 탄 콜렉티보 역시 창문 여닫이가 고장나서 트리니다드까지 가는 5시간 내내 창문을 열고 가야 했다. 차에 에어컨이 없어서 창문을 열고 가야 하는 것은 매한가지였겠지만 차가 멈출 때마다 습하고 뜨거운 열기가 훅하고 밀려들어 왔다.

쿠바의 중앙 남부 해안에 위치한 트리니다드는 쿠바를 찾은 여행객들이 아바나와 함께 꼭 방문하는 도시다. 이곳은 16세기 스페인이 쿠바를 점령했을 당시 계획된 도시로, 스페인 식민지 시대의 건물과 거리가 완벽하게 보존되어 있다. 특출난 관광 명소가 없는 트리니다드를 관광하는 방법의 정석은 반질반질한 박석이 깔린 골목을 천천히 걸으면서 둘러보는 것이다. 이때 눈에 들어오는 모든 것과 사진에 담은 모든 곳이 트리니다드의 관광 명소가 된다.

트리니다드 산책의 구심점 하면 마요르 광장일 것이다. 현대식 건물이라고는 찾아볼 수 없는 광장 주변으로 늘씬하게 쭉쭉 뻗은 야자수가 있는 정원과 고졸한 유럽풍의 건물이 들어서 있고, 트리니다드의 핫 플레이스 카페 '카사 데 라 무지카'도 이곳에 있다. 저녁이 되면 현지인, 여행객 할 것 없이 약속이라도 한 듯 모두 이곳으로 모여든다. 카사 데 라 무지카는 밤 10시가 넘어야 진가를 발휘하는데, 누가 먼저랄 것도 없이 정열적인 음악에 맞춰 살사를 춘다.

승마 투어는 트리니다드를 찾아야 하는 또 다른 이유다. '다그닥 다그닥' 말발굽 소리를 들으며 때 묻지 않는 지형에 눈길을 두다 보니 어느새 일상의 뾰족한 생각들

(위) 승마 투어, 트리니다드
(아래) 승마 후 더위를 식힐 수 있는 천연 수영장, 트리니다드

이 절로 무뎌지는 것 같았다. 말을 타고 가는 중간에 마시는 갓 짜낸 사탕수수 주스와 쿠바 커피 역시 쿠바를 더 각별하게 만들었다.

앙콘 비치는 현지인들에게 휴양지로 각광받는 곳이다. 카리브해의 다른 휴양지에 비해 앙콘 비치는 닳고 닳은 상업화된 느낌이 없어 더욱 마음에 와닿았다. 적당한 곳에 자리를 편 뒤 반짝반짝하게 빛나는 바다에 풍덩 뛰어들고 고운 모래사장에 누워 모히토를 마시고 있으니 정말이지 이곳이 천국이겠구나 싶다. _윤영주

도시 이름에서 따온 트리니다드 칵테일, 트리니다드

여행 정보

HEY! Get ready!

How to get there

한국에서 아바나까지 가는 직항편은 현재 없다. 에어캐나다를 타고 토론토를 경유하는 항공편이 가장 빠르게 가는 방법이다. 소요 시간은 18시간이다. 멕시코시티를 경유하는 항공편도 있는데, 소요 시간은 약 23시간이다.

Where to go

● **아바나 대성당**Cathedral de la Havana : 구시가 성당 광장 북쪽에 위치한 바로크 양식의 성당으로, 1748년에 착공하여 1787년 완공되었다. 이탈리아 건축가 프란체스코 보로미니가 디자인했는데, 비대칭으로 된 2개의 타워가 독특함을 자아낸다. 종탑으로 올라가면 구시가 성당 광장이 내려다보인다.

ADD. 156 Empedrado, La Habana

● **카피톨리오**El Capitolio : 미국 국회의사당을 모델로 한 카피톨리오는 아바나에서 가장 화려하고 웅장한 건물이다. 1910년에 착공해 공사가 일시 중단되었다가 1926년 재개, 1929년 완공되었다. 아바나에서 가장 높은 곳에 있는 높이 62m의 돔을 두고 쿠바 사람들은 "워싱턴 D.C보다 1m가 더 높다"라며 자랑스럽게 얘기하곤 한다. 카피톨리오 바로 옆에 있는 네오 바로크 양식의 건물은 아바나 대극장(Teatro Havana)이다. 이곳에서는 발레 공연을 저렴하게 관람할 수 있다.

ADD. 422 Industria La Habana, 10200

●**말레콘**Malecon : 스페인어로 '방파제'를 뜻하는 말레콘은 아바나에서 가장 드라마틱한 일몰이 펼쳐지는 곳이다. 드라마 <남자친구>의 메인 포스터 배경지가 되기도 했는데, 말레콘 일몰을 감상하고 있으면 왜 이곳이 배경지가 되었는지 절로 수긍하게 된다. 약 8km에 이르는 해안 도로인 말레콘은 아바나 어디서나 눈에 들어온다. 방파제를 넘나드는 역동적인 거센 파도를 카메라에 담기 위해 찾는 이들도 많다.

ADD. Ave Carlos Manuel Céspedes(Avenue del Puerto), La Habana

Where to eat

●**갈리 카페**Galy cafe : 현지어로 '랑고스타'라고 불리는 랍스터 요리를 1만 원 남짓한 가격으로 맛볼 수 있는 곳이다. 랑고스타 요리는 구운 랍스터와 오일 소스, 토마토 소스 등 종류가 다양하다. 어떤 요리를 시켜도 한국인 입맛에 잘 맞는다. 요리를 시키면 밥과 채소가 따라 나온다.

ADD. Strabe San Jose Number 262, e/ Galiano y Águila, Centro Havana

●**라 보티하**La Botija : 트리니다드에서 가장 핫한 레스토랑이다. 그만큼 식사 시간이면 1시간 이상 줄을 서야 할 정도로 인기다. 쿠바의 현지 요리나 샐러드, 햄버거, 피자 같은 만국 공통의 음식이 총망라되어 있고, 무엇을 시켜도 중간 이상의 맛을 낸다. 무지개 색깔의 칵테일 '트리니다드'도 놓치지 말자.

ADD. 71B Calle Amargura, Trinidad 62600

URL. labotija.trinidadhostales.com

●**로스 나르도스**Los Nardos : 쿠바 현지식을 맛볼 수 있는 레스토랑으로 카피톨리오 건너편에 있다. 쿠바 음식은 이름이 생소하기 때문에 식재료를 보고 메뉴를 선택하는 것이 쉽다. 대체로 양이 많아 여럿이 나눠 먹기에 좋다.

ADD. Paseo de Martí, La Habana

Where to stay

● **호텔 나시오날**Hotel Nacional : 1930년에 문을 연 유서 깊은 호텔로, 드라마 〈남자친구〉에서 송혜교가 묵었던 호텔이다. 로버트 레드포드, 디에고 마라도나, 윈스턴 처칠 등 할리우드 배우는 물론 정치인 스포츠 스타 등 각계각층의 인사들이 쿠바를 찾았을 때 으레 이곳에 머문다. 로비 한쪽에 이곳을 찾은 스타들의 사진들이 빼곡하게 붙어 있는 게 숙소라기보다 신시가의 관광지 같기도 하다. 투숙객이 아니더라도 호텔 로비와 정원 등을 둘러볼 수 있다. 정원에 있는 카페는 모히토를 마시며 말레콘의 멋진 일몰을 감상할 수 있는 명소다.

ADD. Calle 21 y O, Vedado, Plaza, Ciudad de la Havana

URL. www.hotelnacionaldecuba.com

Suggestion Schedule

1 Day **밤 :** 아바나 호세 마르티 국제공항 도착

2 Day **오전 :** 카피톨리오, 오비스포 거리, 아바나 대성당 등 올드 아바나 관광

밤 : 라 플로리디타에서 다이키리 칵테일 즐기기

3 Day **오전 :** 혁명 광장, 아바나 대학교 등 신시가 관광

오후 : 말레콘 산책 및 호텔 나시오날 호텔에서 석양 감상

밤 : 아바나 대극장에서 발레 공연 관람

4 Day **오전 :** 콜렉티보 택시 이용, 트리니다드로 이동

오후 : 트리니다드 골목 곳곳 돌아다니기

밤 : 카사 데 라 무지카에서 나이트 라이프

5 Day **종일 :** 승마 투어 또는 앙콘 비치로 데이 투어 떠나기

6 Day **오전 :** 콜렉티보 택시 이용, 아바나로 이동

오후 : 엘 모로에서 일몰 감상

밤 : 부에나 비스타 소셜 클럽 공연 관람

7 Day **오전 :** 아바나 호세 마르티 국제공항으로 이동 후 비행기 탑승

8 Day **오후 :** 인천 국제공항 도착

문득 나의 안부가 궁금해질 때

인도 골든트라이앵글

후마윤의 무덤 근처의 이사 칸 무덤, 델리

헤어나올 수 없는 풍경 속으로

한 달에 반은 야근인 쳇바퀴처럼 돌아가는 일상에서 문득 '지금 난 잘 하고 있는 걸까' 하는 생각이 들었을 때 인도 여행을 떠났다.

무굴 황제 샤 자한의 창조적인 욕망으로 탄생한 성벽 도시 올드델리와 영국식으로 설계된 계획 도시 뉴델리, 무굴 제국의 수도이자 오늘날까지 원형 그대로 보존되어 화려했던 건축 문화를 고스란히 전해주는 아그라, 인도 최초의 계획 도시이자 100년 전 영국 왕자의 방문을 축하하기 위해 도시 전체를 핑크색으로 단장한 '핑크 시티' 자이푸르까지, 인도 골든트라이앵글의 세 도시 곳곳에 자리한 유적들은 반복되는 일상에 지쳐 있는 심신을 달래주기라도 하듯 내 마음에 착 감겨 들었다. 이 중에서 굳이 한 곳을 뽑자면 타지마할이 아닐까 싶다. 수많은 매체를 통해 익히 봐왔음에도 불구하고 주변의 모든 것이 멈춘 듯한 타지마할의 자태에는 한참을 멈춰 서서 바라봤다.

인도 여행은 대개 호불호가 갈린다. 온갖 쓰레기와 배설물이 난무한 거리, 어디를 가나 '10루피'를 달라며 끈질기게 따라붙는 사람들, 안내 방송도 없이 몇 시간씩 늦어지는 기차 등 인도는 여행하는 내내 끊임없는 인내심을 요구하는 곳이기도 하지만, 정작 여행에서 돌아오면 그곳을 다시 가고 싶게끔 하는 묘한 매력이 있는 곳이다.

고대로 떠나는 시간 여행

17~18세기에 이슬람교 무굴 제국의 수도로 번영했던 델리는 올드델리와 뉴델리로 나뉜다. '붉은 성'이란 뜻의 레드 포트는 올드델리에서 두 번 고민할 필요 없이 가장 먼저 가봐야 하는 곳이다. 현지어로 '랄 킬라'라고 불리는 이 성은 1638년 무굴 황제 샤 자한이 아그라에서 수도를 옮겨 오기 위해 9년에 걸친 공사 끝에 완성했다. 하지만 1857년 영국을 향한 인도인들의 대규모 저항으로 크게 손상되었다가 1903년에 복원되었다. 성 안에는 여러 개의 궁전 정원이 조성되어 있는데, 하얀 대리석으로 지어진

무국 황제들의 집무실 디와니카스는 그 화려함에 압도되어 절로 말수가 줄어든다.

레드 포트의 정문 중 하나인 라호르 게이트를 빠져나오면 올드델리의 최고 번화가인 찬드니 초크가 나온다. 서쪽으로 1,200m 정도 뻗어 있는 찬드니 초크는 샤 자한이 수도를 옮길 때 건설한 퍼레이드용 대로다. '은의 거리'라는 뜻을 지닌 너비 50m의 대로 양쪽으로 상점이 즐비하다. 물건을 사고파는 사람들, 목적 없이 거리를 어슬렁거리는 사람들, 당당하게 구걸하는 사람들이 한데 뒤엉킨 모습이 마치 카오스를 연상시켰다.

올드델리와 거리 하나를 사이에 둔 뉴델리는 전혀 다른 풍경을 지닌다. 번잡한 올드델리와 달리 깔끔하게 정비된 모습이 마치 10년, 아니 20년이라는 시간을 순간이동한 기분이 들었다. 뉴델리에서는 인도의 대표적인 교통수단인 사이클 릭샤의 출입이 통제되어 있어 코넛 플레이스 입구에서 내렸다. 뉴델리에는 타지마할의 원형이 된 후마윤 무덤, 인도에서 가장 큰 이슬람 사원인 자마 마스지드, 이슬람교가 힌두교와의 전쟁에서 승리한 것을 기념하여 지은 쿠트브 미나르 같은 유적지가 많다.

그중에서도 높이 72.5m의 적사석탑(赤沙石塔)인 쿠트브 미나르는 1~3층은 붉은 사암으로, 4~5층은 흰 대리석으로 되어 있는데, 힌두와 이슬람 양식이 융합된 인도의 독특한 건축 양식을 엿볼 수 있었다. 또 인도 최초의 모스크로 알려진 쿠와트울 이슬람 사원 앞마당에는 등을 대고 팔을 뒤로한 뒤 기둥을 안고 깍지를 끼우면 소원이 이루어진다는 쇠기둥이 박혀 있다. 지금은 펜스로 막아져 기둥을 안아볼 순 없지만, 4세기 굽타 왕조 시대에 만들어졌는데도 전혀 녹슬지 않아서 학자들 사이에서는 미스터리로 남아 있다고 한다. 오늘날의 기술로도 순도 100%의 철을 만들 수 없다고 하니, 그들의 기술력이 실로 놀라울 따름이다.

(위) 올드델리 최고 번화가 찬드니 초크, 델리
(아래) 타지마할의 원형이 된 후마윤 무덤, 델리

시공을 초월한 사랑의 아름다움

골든 트라이앵글의 '최대 주주'는 두말할 것도 없이 타지마할이다. 아는 사람은 알겠지만, 세계문화유산 중에서도 걸작으로 꼽히는 타지마할은 1631년 샤 자한이 그의 아내 뭄타즈 마할을 위해 세운 무덤이다. 샤 자한은 아내의 죽음을 애도하며 세계 각지에서 장인을 불러 22년간 무덤을 지었다. 그는 자신의 무덤을 야무나강을 사이에 두고 타지마할 반대편에 검은 대리석으로 지어 양쪽 무덤을 구름다리로 이을 계획이었다. 하지만 타지마할을 짓기 위해 막대한 재정을 고갈시킨 나머지 막내아들 아우랑제브에 의해 축출되어 그의 계획은 물거품이 되고 말았다.

완벽한 건축미를 자랑하는 타지마할, 아그라

넓은 정원에 수로가 나 있는 전형적인 무굴 양식으로 지어진 타지마할은 정원과 분수를 바라보며 완벽하게 대칭을 이루며 귀품 있는 자태로 그 존재감을 드러낸다. 한 걸음을 내디딜 때마다 시시각각 변하고 동양적인 패턴이 반복되면서 아름다운 무늬를 그려내는 타지마할의 섬세하고 정교한 장식은 벅찬 감동으로 다가온다.

타지마할 뒤편으로 흐르고 있는 야무나강 건너편에는 무굴 제국의 확립자로 알려진 악바르 대제가 1566년 축조한 붉은색의 아그라 포트가 우뚝 서 있다. 델리의 레드 포트와 건축 양식이 비슷한 아그라 포트는 수도를 델리에서 아그라로 천도한 이후 무굴 제국의 황제가 머무른 곳이다. 내부에는 아름다운 궁전과 누각 그리고 이슬람 사원이 있는데, 그 가운데서도 타지마할이 마주 보이는 팔각형 탑 무삼만 버즈에 시선이 멈추었다. 샤 자한의 막내아들 아우랑제브가 아버지를 8년 동안 가두었던 곳이다. 이곳에서 타지마할을 바라보며 죽음을 맞이한 샤 자한의 심정이 어땠을지, 쉬이 상상할 수 없을 것 같다.

'핑크 시티' 자이푸르

아그라에서 자이푸르까지는 인도의 주요 도시를 연결하는 단거리 특급열차 샤탑디 익스프레스를 이용했다. 샤탑디 익스프레스는 뉴델리, 아그라, 자이푸르 같은 골든트라이앵글 도시는 물론 러그나우, 칼카, 데라둔 등의 도시를 연결하며 열차 내에서 식사와 차를 제공하기도 한다. 델리에서 아그라까지는 샤탑디 익스프레스를 타고 약 2시간 30분, 아그라에서 자이푸르까지는 약 3시간 30분이 소요된다.

7개의 문이 있는 성벽이 병풍처럼 둘러싸고 있는 핑크 시티 자이푸르에 도착했다. 릭샤, 오토바이, 자전거 등의 탈 것과 소, 돼지 등의 가축이 한데 뒤엉켜 북새통을 이루는 구시가지를 걷다 보니 그 북적거림에는 살짝 현기증이 일기도 했지만, 과거의 인도로 시간 여행을 온 듯한 느낌에 기분은 들떠 있었다. 유명한 은 세공품과 터키석,

(위) 7개의 문이 있는 성벽, 자이푸르
(아래) 웅장한 구시가지 모습을 볼 수 있는 하와마할, 자이푸르

에메랄드 같은 유색 보석들을 파는 보석상들이 이어진 '조허리 바자르'나 인도의 각종 특산품을 한곳에 모아놓은 '트리폴리아 바자르' 같은 시장에서 만나는 인도풍 기념품에는 눈까지 즐거워졌다.

하와마할은 자이푸르를 소개하는 책자 표지에 단골로 등장하는 핑크빛 건물이다. '바람의 궁전'이라는 이름에 걸맞게 바람이 잘 통하는 격자형 창문들이 줄지어 이어져 있었다. 규모가 크지 않지만, 정교하고 화려한 외관에는 자연스레 눈길을 빼앗겼다. 이곳은 1799년 당시 인도의 왕 마하라자인 사와이 프라탑 싱이 바깥 출입을 할 수 없었던 여왕과 왕실 부인들을 위해 구시가지 모습을 한눈에 볼 수 있게 지었다고 한다. 창문을 통해 거리를 바라볼 수밖에 없었던 그녀들의 모습을 떠올리자 왠지 처연한 생각이 들었다.

나는 자이푸르 여행의 마지막을 '발리우드' 영화로 마무리했다. 발리우드 영화란 봄베이와 할리우드의 합성어로, 인도 영화 산업을 통칭하는 말이다. 더 쉽게 설명하자면 발리우드 영화는 영화, 뮤지컬, 콘서트, 안무가 합쳐진 것인데, 뮤지컬을 연상시키는 흥겨운 춤과 노래가 빠지지 않는 인도 특유의 영화라 할 수 있다. 영화를 사랑하는 인도 사람들에게 극장은 여가를 보내기 위한 최고의 장소다. 1976년에 세워진 라즈 만디르는 인도에서 가장 유명한 극장 중 하나인데, 밖에서 보면 그저 그런 영화관이지만 안으로 들어가면 클래식하고 웅장한 모습에 놀람을 금치 못한다. 표는 좌석에 따라 세 종류로 나뉘는데, 오페라처럼 2층이 가장 비쌌다. 영화 상영 내내 현지인들 틈에 섞여 엉덩이가 들썩들썩한 음악을 들으며 인도인들의 흥을 직접 확인했다. 역시나 발리우드 영화의 매력은 이런 흥이 아닐까 싶다. _윤영주

여행 정보

HEY! Get ready!

How to get there

대한항공에서 인천-델리 구간 직항편을 운항하고 있다. 소요 시간은 약 9시간이다. 타이항공, 말레이시아항공, 싱가포르항공을 이용하면 방콕, 쿠알라룸프르, 싱가포르를 경유해 델리까지 갈 수 있다.

Where to go

● **후마윤 무덤**Humayun's Tomb : 무굴 제국 2대 황제 후마윤과 그의 첫 번째 아내 허지 베컴의 묘로, 타지마할의 원형이 되었다. 이슬람 건축의 걸작으로 손꼽히며 유네스코 세계문화유산에 등재되었다. 길이가 99m에 이르는 웅장한 건축물 안에 허지 베컴의 묘가 안치되어 있다.

ADD. Mathura Road Oppo Dargah, Nizamuddin, New Delhi

URL. www.humayunstomb.com

● **시티 팰리스**City Palace : 무굴 건축 양식과 라자스탄 건축 양식이 혼재된 궁전 시티 팰리스는 자이 싱 2세에 의해 지어진 곳으로 지금도 마하라자가 살고 있다. 궁전 일부는 자이푸르 왕가의 물건들을 전시하는 박물관으로 공개되고 있다. 과거의 호사스러움을 엿볼 수 있는 볼거리 중 영국으로 유학을 떠난 왕자를 위해 갠지스강의 물을 담아 날랐다는, 세계에서 가장 큰 은(銀) 항아리를 놓치지 말자.

ADD. Jaleb Chowk, Opp Jantar Mantar, Jaipur URL. royaljaipur.in

Where to eat

● **굴라티**Gulati : 2014년부터 2018년까지 세계 최대 규모의 여행 사이트 트립어드바이저(Trip Advisor)가 서비스 업체 중 상위 10%에 수여하는 'Certificate of Excellence'를 수상했다. 탄두리 치킨, 커리 등 다양한 인도 요리를 맛볼 수 있는데, 치킨에 각종 향신료인 마살라를 발라 '탄두르(Tandoor)'라는 화덕에서 숯불로 구운 탄두리 치킨이 별미다.

ADD. 6, Pandara Road Market,New Delhi URL. www.gulatirestaurant.in

● **라지마할 레스토랑**The Rajmahal Restaurant : '큰 접시'라는 뜻으로 원래 인도 남부 지방의 전통 요리였으나, 지금은 인도 전역에서 맛볼 수 있는 가장 대중적인 요리 탈리(Thali)가 맛있는 곳이다. 큰 쟁반에 차파티(화덕에 구운 얇은 빵)와 커리, 달(인도식 국)이 나오는데, 가격에 따라 가짓수가 달라진다.

ADD. No. 20 Motilal Atal Rd., Jaipur 302002

Where to stay

● **아쇽 호텔**Ashok Hotel : 1956년에 오픈해 60년이 넘는 역사를 보유한 호텔이다. 뉴델리에 자리하며 550개 룸을 갖추고 있다. 호텔 곳곳에서 인도의 정취가 물씬 풍기는 고풍스러운 인테리어가 인상적이다.

ADD. 50-B Central Bank Of India, Diplomatic Enclave, Chanakyapuri, New Delhi, Delhi

URL. www.theashok.com

● **사모드 팰리스**Samode Palace : 자이푸르에서 북서쪽으로 40km 떨어져 있는 궁전 호텔이다. 400년 된 궁전을 호텔로 개조했다. 옛 마하라자를 영접하던 방식을 따라 고객이 손 하나 까딱하지 않고 호사를 누릴 수 있도록 서비스를 제공한다. 매일 저녁 갈라디너가 열리는 시쉬마할은 호화로움의 극치를 보여주는

장소다. 근처 영지에는 마하라자가 머물렀던 스타일 그대로 이색적인 체험을 할 수 있는 텐트 호텔인 '사모드 바그(Samode Bagh)'도 있다.

ADD. Village Samode, Tehsil Chomu, Jaipur, Rajasthan

URL. samode.com

● **디 오베로이 라지빌라스**The Oberoi Rajvilas

라자스탄주의 오래된 요새 일부를 개조하여 전통적인 건축미에 세련미를 더해 리조트를 만들었다. 디자인 리조트의 개성과 친절한 서비스가 찾는 이들을 즐겁게 만든다. 특히 럭셔리 텐트 객실은 수작업으로 수놓은 직물 등으로 호화롭게 꾸며져 있다.

ADD. Babaji Ka Modh, Goner Rd, Jaipur, Rajasthan

URL. oberoihotels.com

Suggestion Schedule

1 Day

밤 : 델리 인디라간디 국제공항 도착

2 Day

오전 : 레드 포트, 찬드니 초크 등 올드델리 관광

오후 : 쿠트브 미나르, 후마윤의 무덤 등 뉴델리 관광

밤 : 인디아 게이트에서 야경 감상

3 Day

오전 : 델리에서 아그라로 이동

오후 : 타지마할, 아그라 포트 관광

4 Day

오전 : 아그라에서 자이푸르로 이동

오후 : 구시가지, 하와 마할, 시티 팰리스 등 자이푸르 시내 관광

밤 : 발리우드 영화 관람

5 Day

오전 : 델리로 이동

오후 : 델리 인디라간디 국제공항 도착 후 한국행 비행기 탑승

6 Day

오전 : 인천 국제공항 도착

문화와 예술로 유혹해

스페인

구엘 공원에서 본 시내 풍경, 바르셀로나

스페인에 취하다

파리에서 출발한 야간열차가 아침부터 한여름 뜨거운 햇살을 쏟아내는 바르셀로나에 도착했다. 악명 높은 스페인 소매치기를 피해보려 까만 비닐봉지에 꽁꽁 싸서 배낭에 넣어둔 필름과 메모리 카드는 숙소를 찾는 도중에 사라졌고, 빈방을 찾아 무작정 들어간 호스텔의 주인 할머니는 영어가 한마디도 통하지 않았다. 울적해진 마음을 다잡으러 숙소에 짐만 맡겨둔 채 목적지 없이 걷다가 막 모퉁이를 돌았을 때였다. 흙이 옥수수 모양으로 흘러내린 듯한 건물, 책에서 봤던 그것, 바로 사그라다 파밀리아 성당이 눈앞에 서 있었다. 가까이 다가가자 외벽의 울퉁불퉁한 디테일이 눈에 들어왔고, 손에 잡힐 만큼 다가가자 그 기운에 압도당해 다리에 힘이 빠지는 듯한 기분이 들었다. 그렇게 가우디의 건축은 스무 살의 나에게 큰 충격을 안겼고, 홀린 듯 바르셀로나 곳곳을 거닐게 만들었다.

유럽에는 "평생 스페인만 봐도 모든 것을 볼 수 없으며, 평생 스페인만 본다 해도 질리지 않는다"는 격언이 있다. 준비 없이 다녀온 첫 스페인 여행이 내내 아쉬워 언젠가 꼭 다시 가보길 소망했다. 그리고 마법처럼 그 날이 왔다.

〈게르니카〉로 조국의 참상을 표현한 피카소, 유럽 3대 미술관으로 꼽히는 프라도 미술관, 자연주의 건축을 표방한 금세기 최고의 건축가 가우디, 신대륙을 발견한 콜럼버스, 〈돈키호테〉로 유명한 세르반테스. 때로는 거장들이 빚어낸 아름다운 예술작품으로, 때로는 유럽과 이슬람, 동서양 문명의 조화로 만들어낸 독특한 역사와 문화로, 스페인에서는 '먹고 자고 마시고 즐겨야 제맛'이라는 음식으로, 스페인은 다시 찾은 나를 끊임없이 유혹했다.

볼거리, 즐길 거리, 먹을거리가 차고 넘치는 스페인을 제대로 느끼기 위해 보고 싶은 것들에 대한 사전 공부는 물론 유명 건축물과 공연을 미리 예매하는 수고를 아끼지 않았다. 유럽의 남서쪽 이베리아반도에 자리 잡은 붉은 태양을 닮은 정열의 나라이자 유네스코 세계문화유산의 최다 보유국인 스페인은 여행객들에게 흠뻑 취할 거리를 아낌없이 내어주는 그런 곳이었다.

아련한 과거의 향기, 안달루시아

스페인 남부 안달루시아 지방은 유럽과 아프리카를 잇는 지리적 위치 때문에 끊임없는 갈등을 빚어왔고, 이슬람이 800년 동안이나 지배하기도 했다. 이와 같은 변화무쌍한 역사 속에서 이슬람과 기독교 문화가 융화되어 독특한 문화를 형성했다.

그라나다의 알람브라는 아랍어로 '붉은 성'이라는 뜻으로, 유럽에서 현존하는 이슬람 건축물 가운데 최고 걸작으로 손꼽힌다. 얼마나 아름다웠으면 스페인에서 패한 이슬람 왕조가 "그라나다를 잃는 것보다 알람브라를 다시 보지 못하는 게 슬프다"는 말을 남기고 떠났을까. 드라마 〈알함브라 궁전의 추억〉도 이곳 알람브라가 배경이 되었다.

알람브라는 알카사바 요새, 나스르 궁, 헤네랄리페 정원, 카를로스 5세 궁전, 산타마리아 성당, 프란치스코회 수도원을 통칭해 일컫는데, 아름다움의 정수는 화려한 아라베스크의 향연을 보여주는 나스르 궁이다. 어디를 둘러보아도 완벽한 좌우대칭의 건축 양식과 화려한 조각, 연속된 기하학적 문양의 조화가 만들어내는 완벽함은 보는 내내 황홀한 기분이 들게 했다. 알람브라를 구경하다 보면 곳곳에서 작은 분수나 연못을 볼 수 있는데, 사막에 살던 이슬람 사람들에게 물은 생명이고 가장 귀한 것이었다. 즉 물에 대한 그들의 애착이 이곳의 풍경을 더욱 아름답게 완성한 것이다. 예를 들어 헤네랄리페 정원의 연못과 물소리는 프란시스코 타레가가 작곡한 유명한 트레몰로 기타 연주곡 〈알람브라 궁전의 추억〉 속 음률로 살아 있다.

시에라 네바다 산맥의 새하얀 만년설과 태양의 해변이라는 뜻을 지닌 '코스타 델 솔'을 따라 위치한 아름다운 해안과 끝없이 펼쳐진 올리브와 오렌지 나무 등 시시각각 다채로운 풍경이 이어지는 안달루시아를 차로 달렸다. 교통편이 그다지 많지 않다

(위) 언덕 위에 위치한 알람브라, 그라나다
(아래) 아라베스크 양식의 정수를 보여주는 나스르 궁, 그라나다

(위) 푸엔테 누에보 야경, 론다
(아래) 스페인 대성당에서 출발하는 마차, 세비야

는 이유도 있었지만, 짧은 시간에 돌아볼 수 있는 소도시가 많아 대중교통보다는 렌터카가 더 편리하다. 게다가 도중에 만나는 네르하, 말라가, 미하스, 프리힐리아나 등 저마다 매력을 지닌 바닷가 마을에서 잠시 쉬면서 태양의 해변을 마음껏 즐길 수 있다.

해발 780m의 고지대에 세워진 절벽 위의 도시 론다. 도시의 상징인 푸엔테 누에보는 '새로운 다리'라는 뜻으로, 협곡 바닥에서부터 98m 높이로 솟아올라 있다. 푸엔테 누에보는 위에서 내려다보는 것보다 산책길을 따라 걸어 내려와 다리 정면에서 보는 편이 더 웅장하다. 작은 마을이라 잠시 들렀다 가는 여행객이 대부분이지만, 나는 이곳에서 하룻밤 머물렀다. 왜냐하면 가로등이 켜진 론다의 밤은 찬란하게 빛나 낭만의 절정에 달하기 때문이다.

안달루시아 렌터카 여행의 종착지는 세비야다. 렌터카를 반납하고 세비야 대성당에서 출발하는 마차를 탔다. 마차는 과달키비르강변을 달리고, 마리아 루이사 정원을 거쳐 김태희가 플라멩코 춤을 추며 붉은 스커트 자락을 휘날렸던 CF 촬영지이자 조지 루커스 감독의 영화 〈스타워즈: 클론의 습격〉 촬영지이기도 한 스페인 광장까지 신나게 달렸다. 경쾌한 마차의 말발굽 소리가 대항해 시대의 귀족이 된 듯한 착각마저 불러일으켰다. 마차를 타고 달리다 보면 병풍처럼 양쪽으로 늘어선 건물 뒤로 금빛으로 변해가는 해 질 녘의 황홀한 세비야를 만날 수 있다.

온몸으로 느끼는 스페인의 정열

스페인의 정열을 온몸으로 표현하는 세 가지가 있다. 바로 축구, 투우, 플라멩코다. 쓰러진 소의 피비린내가 지금도 잊히지 않는 투우와 세비야의 공연장에서 본 애절한 플라멩코도 좋은 경험이었지만, 단연 최고는 마드리드에서 본 축구 경기였다.

전 세계 축구 스타들이 모인 축구팀 레알 마드리드 C.F의 경기를 직관하는 것은 모든 축구 팬들의 로망일 것이다. 축구 경기에 일정을 맞추느라 동선이 꼬이고 도시 이동이 배로 늘어나게 되는 수고를 감수하고서라도 경기장을 찾은 이유는 스페인 여행에 동행한 아버지와 남동생의 열망 때문이었다. 평소 귀찮은 일은 죽어도 안 하는 남동생이 한 달 전부터 경기표를 예매했고, 경기 전 경기장 투어까지 해야 한다며 나섰다. 아버지와 동생에게 맞추다시피 한 이 일정이 스페인 최고의 추억이 될 줄은 당시에는 정말 몰랐다.

스페인 축구의 성지, 산티아고 베르나베우 스타디움. 엄청난 규모의 경기장과 밀려오는 인파에는 입이 다물어지지 않았다. 경기가 시작되고 8만 5,000석이 꽉 들어찬 모습은 스페인 사람들이 얼마나 축구를 사랑하고 열광하는지 느낄 수 있었다. 이날 아버지는 소원성취 하셨다고 했고, 남동생은 호날두를 직접 본 게 꿈이 아니라며 방방 뛰었다. 축구에 별로 관심이 없던 어머니조차도 전율이 넘쳐흐르는 시간이었다고 하셨다. 경기가 끝나고 레알 마드리드의 승리에 도취되어 경기장 밖에서도 응원가를 떼창하는 스페인 사람들과 섞여 한참을 그곳에 남아 있었다. 축구는 스페인 사람들의 열정을 가장 잘 보여주는 스포츠이고, 진짜 스페인 사람들과 호흡할 수 있는 가장 좋은 수단이었다.

가우디와 바르셀로나, 그리고 몬세라트

몬세라트로 가기로 한 날, 아침 식사를 하는데 비가 내렸다. 비가 오면 돌아다니기 어려울 텐데 하는 걱정이 앞섰다. 이번 나의 바르셀로나 여행은 기본적으로 가우디의 자취를 따라가는 여정이었기에 그의 영적인 고향이라는 몬세라트는 꼭 가야 했다. 바르셀로나에서 기차를 타고 1시간쯤 달리자 멀리서도 영험한 기운이 감도는 해발 1,238m의 몬세라트산이 눈앞에 펼쳐졌다. 산악열차로 갈아타고 해발 725m 지점인 몬세라트산 중턱에 내리니 비는 눈으로 바뀌어 있었다. 2월의 막바지 추위와 산의 기운이 만들어낸 뜻하지 않은 분위기에 도취되어 몬세라트가 더욱 신비하게 다가왔다.

레알 마드리드 CF의 홈 구장 베르나베우 스타디움, 마드리드

구름 사이로 몬세라트 수도원이 보이고, 그 뒤로 거대한 바위들이 병풍처럼 수도원을 둘러싸고 있었다. 옥수수처럼 서 있는 모양이 사그라다 파밀리아 성당의 첨탑과 꼭 닮아 있었다. 에스콜라니아 소년 합창단의 성가를 듣고 검은 성모상까지 보고 나니 내 영혼의 안테나가 울리는 것만 같았다. 신앙심이 깊었던 가우디도 그런 마음으로 이곳 몬세라트에 머물지 않았을까 하는 생각이 들었다.

가우디는 생전보다 사후에 더 높은 평가를 받았는데, 그가 남긴 건축물 중 7개가 유네스코 세계문화유산에 등재되었다. 1984년에는 구엘 공원, 구엘 저택, 카사 밀라, 2005년에는 사그라다 파밀리아 성당의 동쪽 파사드와 지하실, 카사 빈센트, 카사 바트요, 콜로니아 구엘 납골당이 등재되었다. 어느 하나도 이야기가 없는 것이 없고,

아름답지 않은 것이 없다는 사실이 그저 경이로울 뿐이었다. 건물이 주는 감동도 감동이지만, 재능을 가진 사람의 끝없는 열정과 노력이 더 감동스럽게 다가오는 듯했다. 가우디가 인생을 바쳐 만든 사그라다 파밀리아 성당은 오로지 기부금과 입장료만으로 100년이 넘도록 보수 공사를 하고 있다. 가우디 사후 100주년이 되는 2026년 완공 예정이라는데, 그 날의 성당 모습은 얼마나 멋질까를 상상해보며 다음 스페인 여행을 갈망해본다. _이지은

(왼쪽) 사그라다 파밀리아 성당 내부, 바르셀로나 (오른쪽) 검은 성모상, 몬세라트

(위) 몬세라트산과 몬세라트 수도원, 몬세라트
(아래) 2026년 완공 예정인 사그라다 파밀리아 성당, 바르셀로나

여행 정보

HEY! Get ready!

How to get there

대한항공과 아시아나항공에서 인천-바르셀로나 구간 직항편을 운항하고, 대한항공에서 마드리드행 직항을 운항한다. 소요 시간은 약 13시간이다.

Where to go

● **알람브라**Alhambra : 알람브라는 나사리 왕조의 번영기였던 14세기에 지어진 건물로 아랍어로 '붉은 성'을 뜻한다. 알람브라 통합권을 구입해 관람하면 되는데, 나스르 궁은 반드시 예약 후 방문해야 하고 입장 시간도 지켜야 한다. 그라나다를 방문한다면 하루는 온전히 이곳에 투자할 것을 권한다.

ADD. Calle Real de la Alhambra, s/n, 18009 Granada, Spain URL. alhambra-patronato.es

● **산티아고 베르나베우 스타디움**Santiago Bernabéu Stadium

레알 마드리드의 홈구장으로 축구 팬들에게는 '꿈의 구장'으로 불린다. 축구 경기를 관람하지 않더라도 경기장 투어를 통해 경기장, 로커룸, 역대 선수들의 사진과 우승 트로피 등을 볼 수 있다. 선수들의 유니폼을 판매하는 기념품점도 함께 있어 선물용으로 구입하기도 좋다.

ADD. Av. de Concha Espina, 1, 28036 Madrid, Spain

URL. realmadrid.com

● 몬세라트 수도원Santa Maria de Montserrat Abbey

몬세라트산 중턱, 해발 725m 지점에 있는 몬세라트 수도원은 케이블카나 산악열차를 이용해 방문할 수 있다. 카탈루냐 사람들의 영적인 토대이기도 하며, 전 세계에서 오는 순례자들과 여행객들의 방문이 끊이지 않는 곳이다. 세계 최초의 소년 합창단 에스콜라니아와 카탈루냐 수호 성물로 지정된 검은 성모상도 함께 볼 수 있다.

ADD. 08199 Montserrat, Barcelona, Spain

URL. abadiamontserrat.net

● 사그라다 파밀리아 성당Sagrada Familia

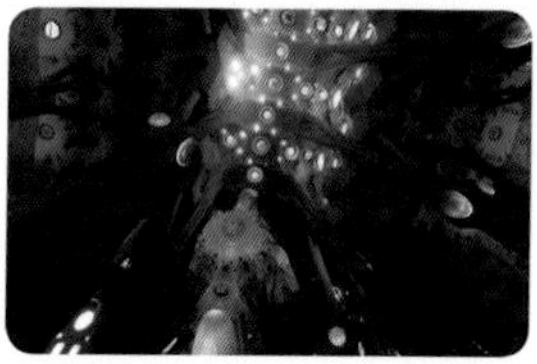

바르셀로나의 랜드 마크이자 가우디 건축의 하이라이트로 꼽히는 사그라다 파밀리아 성당은 100년이 넘도록 공사 중이다. 다소 비싼 입장료에도 언제나 붐비는 이곳은 구석구석 볼거리들로 넘쳐난다. 가우디의 유해가 안장되어 있는 지하부터 바르셀로나 시내를 조망할 수 있는 첨탑까지, 충분한 시간을 두고 돌아보자.

ADD. Carrer de Mallorca, 401, 08013 Barcelona, Spain

URL. sagradafamilia.org

● 프라도 미술관Museo Nacional del Prado

파리 루브르 박물관, 상트페테르부르크 에르미타주 미술관과 함께 세계 3대 미술관으로 꼽히는 프라도 미술관은 3만여 점의 미술품을 소장하고 있다. 스페인을 대표하는 3대 궁정 화가인 엘 그레코, 벨라스케스, 고야의 작품을 비롯하여 유럽의 미술사를 한눈에 훑어볼 수 있는 작품이 가득하다. 한국어 안내문도 제공하고 있으며, 오후 6~8시에는 무료 입장이 가능하다.

ADD. Paseo del Prado, s/n, 28014 Madrid, Spain

URL. museodelprado.es

● **데 로코스 타파스**De Locos Tapas : 론다를 다녀간 사람들이 입을 모아 추천하는 타파스 바다. 1~5유로 정도의 저렴한 가격으로 맛있는 타파스를 즐길 수 있다. 1층은 주방, 2층은 테이블이 4개뿐인 작은 식당이지만, 센스 넘치는 주인 아저씨의 서비스에 언제나 붐빈다.

ADD. Plazuela Arquitecto Francisco Pons Sorolla, 7, 29400 Ronda, Málaga, Spain

URL. de-locos-tapas.com

● **부보**Bubó Born : 2005년 바르셀로나에 매장을 오픈해 '세계 최고의 초콜릿 케이크'라는 타이틀을 얻은 베이커리다. 윤기가 흐르는 초콜릿 케이크 위에 마카롱과 초콜릿이 올려진 사비나(Xabina)가 대표 메뉴다. 달콤한 맛도 일품이지만, 예술 작품을 보는 듯 알록달록한 색감을 뽐내는 조각 케이크와 초콜릿, 마카롱을 구경하는 재미도 쏠쏠하다.

ADD. Carrer de les Caputxex, 10, 08003 Barcelona, Spain

URL. bubo.es

Suggestion Schedule

1 Day

오후 : 마드리드 바라하스 국제공항 도착

2 Day

오전/오후 : 프라도 미술관 관람, 시내 관광

오후/밤 : 산티아고 베르나베우 스타디움 투어, 축구 경기 관전

※ 경기 당일 축구장 투어 불가

3 Day

오전 : 세비야로 이동

오후 : 알카사르, 에스파냐 광장 & 마리아 루이사 공원 마차 투어

밤 : 플라멩코 공연 관람

4 Day

오전 : 차량 렌트 후 론다로 이동

오후 : 론다 투우장, 누에보 다리

5 Day

오전 : 네르하

오후 : 그라나다 도착, 시내 관광

6 Day

오전 : 알람브라 궁전 관람

오후 : 렌트카 반납 후 바르셀로나로 이동

밤 : 몬주익 언덕 분수쇼

7 Day

오전/오후 : 가우디 투어

밤 : 카탈루냐 음악당 공연 관람

8 Day

오전/오후 : 몬세라트

밤 : 바르셀로나 국제공항에서 한국행 비행기 탑승

9 Day

인천 국제공항 도착

〈알람브라 궁전의 추억〉 연주곡의 모티브가 된 헤네랄리페 정원 분수. 스페인 그라나다

호이안 올드 타운 야경. 베트남 호이안

미식 여행

THE KING
BREAKFAST
LUNCH
DINNER
HOI AN LOCAL FOOD
SEA FOOD
HAPPY HOUR

빈티지한 멋과 맛을 아는 사람들의 천국

포르투갈

에그 타르트의 원조인 '파스테이스 드 벨렝', 리스본

입이 즐거운 마법의 도시

대서양에서 불어온 바람이 빛바랜 건물 사이를 타고 흐르고, 언덕 위 성당 종소리에 놀란 갈매기들이 노랗게 물들어가는 하늘로 날아오른다. 바다 같은 강변 풍경에 취한 여행객들의 눈동자에 저무는 태양 빛이 가득 스민다. 매일같이 아름다운 노을을 보여주는 포르투는 사람들을 강가로 모여들게 한다. 광장에서 다정히 포옹하고 입을 맞추는 연인들, 달콤한 목소리로 속삭이며 버스킹하는 가수들, 와인잔을 부딪치며 미소 짓는 사람들이 어우러져 마법 같은 도시의 낭만에 풍덩 빠진다. 작가 조앤 K. 롤링이 이곳에 머물면서 판타지 소설『해리 포터』를 써 내려간 이유를 충분히 알 것 같다.

유라시아 대륙의 서쪽 끝 포르투갈은 유럽을 몇 번이고 다녀가면서도 찾지 못한 나라 중 하나였다. 2018년 봄에 방영된 예능 〈비긴 어게인 2〉는 리스본과 포르투의 전망대와 광장 등 시내 곳곳을 배경으로 가수들이 버스킹하는 모습을 담아냈다. TV 속 포트투갈의 모습에 더 고대했던 포르투갈은 프로그램을 보고 떠난 덕분인지 아름다운 풍경에 멋진 BGM이 오버랩되는 환상적인 여행을 만끽할 수 있었다

언젠가 여행 좀 해봤다는 지인들과 모여 포르투갈에 관해 이야기를 나눈 적이 있다. 누군가의 "왜 포르투갈을 가기 전에 맛있는 음식이 가득하다는 사실을 몰랐던가" 하는 탄식에 모두가 공감했다. 포르투갈에서 시작해 세계적인 음식이 된 에그 타르트, 포르투갈식 샌드위치인 프란세지냐, 신선하고 다양한 해산물 요리에 곁들인 포트와인은 하루 세 끼를 다 챙겨도 모자란다. 포르투갈에서는 매 순간 찾아오는 식탐을 기꺼이 즐기시라.

빈티지 트램 타고 최고의 나타 한 접시

어둠이 내린 검푸른 밤하늘 아래 노란색 가로등 불빛이 번지고, 샛노란 트램이 어디로 데려다줄까 하고 속삭이듯 멈춰 섰다. 트램이 지나가는 길모퉁이에 서서 잠시

눈을 감았다. 바퀴와 철로의 쇳덩이가 부딪히며 만드는 소리가 귓가에 박혔다. "달그락 달그락, 따-앙, 따-앙" 투박한 반복음에서는 세월을 담은 소리가 만들어내는 특별한 우아함이 느껴졌다.

트램이 남아 있는 도시는 많지만, 리스본만큼 로망을 간직한 곳은 없을 것이다. 나의 리스본 여행은 트램과 함께였다. 리스본의 트레이드마크인 노란색 28번 트램의 첫인상은 기대보다 더 강렬했다. 그라사 전망대, 포르타스 두 솔 전망대, 상 조르즈 성, 리스본 대성당, 제로니무스 수도원, 벨렝탑 등 트램을 타고 리스본의 명소를 둘러보았고, 트램을 타고 가다가 마음 내키는 곳에 내려서 둘러보다 다시 트램을 탔다. 그렇게 움직이는 동안 색색의 타일 아줄레주가 반짝이고 파두 가락이 흐르는 도시 리스본은 어느새 내 마음 깊숙한 곳에 자리를 잡았다.

리스본 거리에는 포르투갈 사람들의 소울 푸드라는 바칼라우(대구를 염장해 만든 것) 통조림과 고로케, 포르투갈어로 '나타'라고 하는 에그 타르트를 어디서든 쉽게 접할 수 있다. 그중에서도 1837년부터 현재까지 5대째 이어져 내려오는 '파스테이스 드 벨렝'은 에그 타르트 원조라고 할 수 있다. 제로니무스 수도원에서 달걀흰자를 이용해 제복에 풀을 먹이고 남은 달걀노른자로 타르트를 만들기 시작한 것이 에그 타르트의 시초다. 에그 타르트 한 접시를 주문한 뒤 시나몬 가루를 뿌려 한 입 베어물자 "바사삭" 소리와 함께 부드러운 커스터드 크림이 혀를 타고 폭신하게 녹아내렸다. 전 세계에서 하나뿐인 에그 타르트 베이커리라는 명성답게 이제껏 맛보았던 에그 타르트는 모두 거짓이었나 할 정도로 그 맛은 최고였다.

세상의 끝과 바람을 감싸주는 해물밥

어릴 적 책상 위 벽에 붙어 있던 커다란 세계 지도를 볼 때면, 세상의 끝은 과연 어떤 곳일지 궁금했다. 14세기 말까지 세상의 끝이라 여겨졌던 호카곶은 호기심 가득

(위) 트램이 지나는 코메르시우 광장, 리스본
(아래) 도루 강가에서 포트와인을 즐기는 연인, 포르투

토마토 퓌레에 해산물을 넣고 끓인 해물밥, 리스본

하던 어린 시절의 나에게 주는 선물과도 같은 곳이었다. 호카곶은 리스본에서 30km 쯤 떨어진 신트라에 있다. '달의 언덕'이라는 뜻의 신트라는 도시 전체가 유네스코 세계문화유산으로 지정되었고, 영국의 시인 바이런은 이곳을 "신에게 은총을 받은 에덴동산"이라고 칭송했다. 동화 속에서 튀어나온 듯한 페나 궁전, 가파른 절벽을 따라 세워진 무어인의 성, 판타지 영화의 배경지 같은 헤갈레이라 별장은 달을 숭배한 사람들이 세운 마법 같은 도시와 잘 어울렸다. 하지만 나에게 신트라의 절정은 역시 호카곶이었다.

어디까지가 바다고 어디부터가 하늘인지 분간하기 힘들 만큼 강한 햇살과 몸을 가누기 힘든 매서운 바람은 정말 이곳이 세상의 끝이라 불렸을 법했음을 온몸으로 체험하게 했다.

"여기... 육지가 끝나는 곳이고, 그리고 바다가 시작되는 곳이다." 포르투갈의 시인 카몽이스의 글귀가 새겨진 기념비 앞 난간에 서서 한참 동안 대서양을 바라보았다. 육지의 끝이던 이곳에서 새로운 세상을 열망하며 신대륙을 찾아 범선을 띄우고 닻을 올렸을 사람들은 어떤 기분이었을까? 경계에 서 있었을 사람들을 떠올리는 동안 어느새 노을이 지고 있었다. '끝'이라는 단어의 매력에 끌려 이곳까지 와서 보니, 호카곶에서는 그렇게 매일 그리움이 지고 뜨는 듯 뭉클함이 느껴졌다.

옷 속까지 모래 바람을 뒤집어쓰면서도 해 지는 호카곶을 본 뒤 다시 리스본으로 돌아와 찾은 곳은 해물밥 맛집으로 유명한 레스토랑 우마였다. 토마토 퓌레 소스에 큼지막한 새우, 조개, 게 등의 해산물과 밥이 냄비 한가득 들어 있는 해물밥은 차가운 바람에 얼어붙은 몸을 뼛속까지 따스하게 감싸주었다.

세상의 끝이라 여겨졌던 호카곶, 신트라

포트와인을 찾아서

포트와인은 17세기 무렵 영국으로 와인을 수출하면서 운송 중 와인이 변질되지 않도록 브랜디를 첨가한 포르투갈 대표 와인이다. 브랜디의 첨가로 도수가 강해진 와인이라서 '주정강화' 와인이라고도 불린다. 포트와인의 산지인 도루 밸리 투어는 세상에서 가장 아름다운 기차역으로 손꼽히는 포르투의 상 벤투역에서 시작된다. 기차로 도루 밸리 상류에 도착해 유람선으로 갈아타고 도루강을 따라 포르투의 가이아 지역까지 돌아보는 투어다. 유람선을 타고 도루강을 따라 내려가는 양옆으로 끝없이 펼쳐지는 포도밭도 그렇고, 점심과 함께 제공되는 포트와인, 여유와 멋을 즐기는 다국적 여행객들과의 만남은 "이런 게 여행이지"라는 말이 절로 나오게 했다. 포트와인의 생산지를 눈으로 직접 보고 와인이 옮겨지는 뱃길을 따라 가보는 여정도 의미 있었지만, 배 위에서 사방으로 펼쳐지는 포르투의 풍경은 회전목마를 탄 듯 낭만적이었다.

가이아 지역은 포트와인을 생산하는 테일러, 그라함, 샌드맨 등 유명한 와이너리가 있는 지역이다. 도루 밸리 투어 후 방문한 테일러에서 달고 묵직한 포트와인을 맛보고, 동 루이스 1세 다리 위 언덕 수도원에서 포르투의 마지막 밤을 맞았다. 떠나기 싫은 내 마음을 알았는지 숙소로 향하는 길목에 있던 "We Are Back"이라는 표지판이 이곳에 다시 올 것이라고 약속이라도 하는 듯 빛났다. _이지은

(위) 도루 밸리 투어 유람선에서 본 도루강, 포르투
(아래) 와이너리 테일러의 투어 프로그램, 포르투

여행 정보

HEY! Get ready!

How to get there

현재 포르투갈까지 가는 직항 노선은 없다. 런던, 이스탄불, 프랑크푸르트, 파리 등 유럽 주요 도시를 경유해 갈 수 있다.

Where to go

● **제로니무스 수도원**Mosteiro dos Jerónimos **:** 탐험가 바스코 다 가마의 인도 항로 발견을 기념하기 위해 마누엘 1세가 지은 수도원으로, 대항해 시대의 번영을 상징하는 곳이다. 이 수도원은 리스본 대지진에도 버텨낸 건축물로, 1983년에 유네스코 세계문화유산으로 지정되었다. 포르투갈에서만 볼 수 있는 화려한 마누엘 양식이 특징이다. 입장하는 시간이 오래 걸릴 수 있으니 충분한 시간 여유를 가지고 찾길 바란다.

ADD. Praça do Império 1400-206, Lisboa, Portugal URL. mosteirojeronimos.gov.pt

● **호카곶**Cabo da Roca **:** '리스본의 바위'라 불리는 호카곶은 높이 144m의 화강암 절벽 지대다. 유라시아 대륙의 서쪽 끝에 위치하며 14세기까지 세상의 끝이라 여겨졌다. 언제나 매서운 바람이 몰아치는 곳이므로, 바람막이 재킷을 준비해 방문하도록 하자.

ADD. Estrada do Cabo da Roca s/n, 2705-001 Colares, Portugal

● **렐루 서점**Livraria Lello : 1881년에 문을 연 포르투갈에서 가장 오래된 서점이다. 조앤 K. 롤링이 포르투에 머물면서 자주 방문했던 곳이다. 1906년 지어진 현재 건물은 세계에서 가장 아름다운 서점 중 하나로 꼽힌다. 1층과 2층을 잇는 붉은 계단과 천장의 대형 스테인드글라스의 화려한 조화는 영화 〈해리 포터〉 속으로 들어간 듯한 착각을 불러일으킨다.

ADD. Rua das Carmelitas 144, 4050-161 Porto, Portugal URL. livrarialello.pt

● **테일러**Taylor's : 1692년에 문을 연 테일러는 포트와인을 생산하는 가장 오래된 와이너리 중 하나다. 깊은 색감과 짙은 탄닌, 풍부한 향이 배어 나올 수 있도록 사람이 발로 밟아 포도를 으깨는 전통을 고수하고 있다. 오디오 가이드를 활용한 투어 프로그램을 운영하며, 마지막 테이스팅 코스에서는 레드 와인과 화이트 와인 각 1종을 체험할 수 있다.

ADD. Rua do Choupelo 250, 4400-088 Vila Nova de Gaia, Portugal URL. taylor.pt

Where to eat

● **우마 마리스케이라**UMA Marisqueira : 레스토랑 우마는 토마토 퓌레에 해산물을 넣고 걸쭉하게 끓인 해물밥으로, 요리 경연대회에서 수상한 맛집이다. 산타후스타 엘리베이터 근처에 위치하며, 리스본 현지인들도 줄을 서서 먹을 만큼 인기 있는 레스토랑이다. 현금 결제만 가능하고 한국어 메뉴판이 구비되어 있다.

ADD. Rua dos Sapateiros 177, 1100-044 Lisboa, Portugal

● **파스테이스 드 벨렝**Pasteis de Belem : 리스본에서 가장 인기 있는 장소 중 하나인 파스테이스 드 벨렝은 에그 타르트의 원조집이다. 제로니무스 수도원에서 수녀들이 전해준 레시피 그대로 조리하는 역사와 전통을 자랑한다. 가게 앞으로 길게 늘어선 줄은 포장해 가는 줄로, 매장에서 먹고 갈 경우 자리를 잡고 주

문하면 된다.

ADD. Rua de Belém 84-92, 1300-085 Lisboa, Portugal

URL. pasteisdebelem.pt

● **마제스틱 카페**Majestic Café : 포르투갈에서 가장 아름다운 카페이자 세상에서 가장 아름다운 카페 중 하나다. 조앤 K. 롤링이 『해리 포터』의 첫 시리즈를 집필한 곳이다. 1921년에 오픈해 벨 에포크 시대의 모습 그대로 고풍스러운 아름다움을 간직하고 있으며, 가격이 비싸더라도 이곳에서 즐기는 커피 한잔의 여유는 꼭 누려보길 바란다.

ADD. Rua Santa Catarina 112, 4400-442 Porto, Portugal

URL. cafemajestic.com

● **칸티노 도 아빌레즈**Cantinho do Avillez : 포르투갈의 스타 셰프 호세 아빌레즈의 레스토랑으로 미슐랭 가이드에 소개되었다. 캐주얼한 분위기와 적당한 가격대, 깔끔하고 맛깔스러운 요리가 행복한 시간을 선사한다. 리스본과 포르투에 매장이 있다.

ADD. Rua de Mouzinhoda Silveira 166, 4050-416 Porto, Portugal

URL. cantinhodoavillez.pt

● **볼타리아**Viltaria : '작은 프랑스 소녀'라는 뜻의 '프란세지냐(francesinha)'는 흰 빵 사이에 햄과 치즈를 넣고 구워낸 프랑스의 '크로크무슈(croque minsieur)'를 포르투갈식으로 변형시킨 샌드위치다. 포르투 사람들은 간단한 한 끼 식사로 즐겨 먹는다. 프란세지냐는 포르투 어디서나 즐길 수 있지만, 특별히 볼타리아를 추천하는 이유는 단 하나, 가게의 마스코트인 친절하고 쾌활한 주인 아주머니 때문이다.

ADD. Rua Afonso Martins Alho 109, Porto, Portugal

Suggestion Schedule

1 Day

오후 : 리스본 국제공항 도착

오후/밤 : 코르메시우스 광장, 호시우 광장 산책

2 Day

오전/오후 : 제로니무스 수도원, 포르타스 두 솔 전망대, 리스본 대성당 등 리스본 관광

밤 : 파두 공연 관람

3 Day

오전 : 신트라 페나 궁전, 무어인의 성터, 헤갈레이라 별장

오후 : 호카곶

밤 : 리스본 레스토랑 우마 해물밥

4 Day

오전 : 테주 강변 산책

오후 : 포르투로 이동

오후/밤 : 히베이라 광장

5 Day

오전/오후 : 도루 밸리 투어, 와이너리 방문

밤 : 칸티노 도 아빌레즈

6 Day

오전/오후 : 렐루 서점, 마제스틱 카페, 볼타리아

밤 : 포르투 야경 감상

7 Day

오전 : 포르투 국제공항에서 런던, 파리 등 한국행 비행기가 있는 공항으로 이동

밤 : 한국행 비행기 탑승

8 Day

인천 국제공항 도착

맛집을 순례하는 기쁨

일본 후쿠오카

시로쿠마 빙수

라멘 맛 좀 알아?

지금이야 대학생들 사이에서 배낭여행이 당연하게 여겨지지만, 대학생이 여권을 만든다는 것 자체가 생소했던 시절이 있었다. 그러다가 갑자기 유럽 배낭여행 붐이 일어났고, 너도나도 부모님을 졸라 유럽 배낭여행을 떠났다. 나 또한 그랬다. 30일간 무려 10개국을 둘러보는 일정이었다. 여행 일정에 맛집 리스트라곤 없었다. 시간을 아끼기 위해 매일 맥도날드를 들락거렸고, 공원 벤치에서 바게트를 먹으며 끼니를 때우는 일도 부지기수였다. 30일 동안 여행하면서 먹어본 그 나라 음식이라고는 이탈리아의 나폴리 피자와 헝가리의 굴라시가 전부였다.

20년이 지난 지금, 여행의 패러다임이 완전히 바뀌었다. 여행에서 맛집은 관광지와 동등한, 아니 그 이상의 대접을 받고 있다. 여행의 초점이 음식이 되어 소위 '먹방' 여행을 계획하는 사람들도 많은데, 이때 관광지는 다음 끼니를 먹기 위해 배를 꺼뜨리는 수단이라는 우스갯소리가 있을 정도다.

미식 여행을 위한 여행지로 후쿠오카는 이상적인 조건을 두루두루 갖추고 있다. 비행기를 타고 1시간 남짓이면 갈 수 있고, 다양한 저가 항공이 취항해 잘만 찾으면 제주도 항공료와 비슷한 요금으로 다녀올 수 있다. 게다가 JR큐슈레일패스 한 장이면 기차를 타고 1~2시간 거리에 있는 나가사키, 가고시마 같은 도시까지 오갈 수 있다.

후쿠오카 미식 여행을 떠나기 전에 꼭 알아야 할 두 가지가 있다. 바로 '하카타'와 '야타이'다. '하카타' 하면, 후쿠오카 여행을 다녀온 사람은 하카타역을, 일본 라멘 좀 먹어봤다는 사람은 하카타 라멘을 떠올릴 것이다. 여기서 말하는 하카타는 후자다. 하카타 라멘은 도쿄의 쇼유 라멘, 삿포로의 미소 라멘와 함께 일본 3대 라멘 중 하나다. 하카타 라멘은 야타이(포장마차)에서 탄생했다. 강가를 따라 늦은 밤까지 나긋하게 불을 밝힌 야타이가 후쿠오카에는 무려 110개나 있다.

강가를 따라 늘어선 야타이, 후쿠오카

야타이에서 즐기는 하카다 라멘

후쿠오카 여행 첫날, 고민할 것도 없이 가장 먼저 할 일은 하카다 라멘을 맛보는 것이다. 돼지 뼈를 푹 고아 만든 돈코츠로 육수를 낸 걸쭉하고 깊은 맛을 내는 하카타 라멘은 점포에서부터 야타이까지 다양한 선택지가 있다. 가게마다 육수를 우리는 방법은 물론 면발의 두께까지 조금씩 조리법이 다르다. 그중에서도 이치란 라멘은 하카타 라멘 하면 절로 떠오를 정도로 한국 사람들에게도 잘 알려져 있다. 처음 하카타 라멘에 도전한다면 이곳만 한 곳이 없다.

나는 후쿠오카를 여행할 때마다 하카타 라멘을 먹곤 하는데, 나의 첫 경험도 이치란 라멘이었다. 처음 먹는 사람은 돈코츠 특유의 비린내 때문에 다소 느끼하게 느껴질 수 있는데, 고명으로 올라가는 '하카타 만능파'를 듬뿍 넣으면 그 느끼함을 싹 잡아

준다.

늦은 밤까지 빈자리가 없을 정도로 왁실덕실한 야타이는 비단 하카타 라멘을 먹는 것 이상의 독특한 재미를 선사한다. 상량한 강바람을 맞으며 나지막한 나무 벤치에 앉아 하카타 라멘과 덴푸라, 꼬치를 먹으면서 시원한 맥주까지 곁들이면 그 어떤 고급 요리도 남부럽지 않다. 옆자리에 앉은 낯선 이들과 스스럼없이 대화를 나누는 것도 야타이의 매력 중 하나다.

라멘도 라멘이지만, 일본 하면 스시. 스시에 셰프의 독창적인 손길을 더해 미슐랭 가이드 원스타를 받은 야마나카 본점도 후쿠오카에 있다. 1972년 오픈한 이래 후쿠오카에 5개의 매장을 두고 있는데, 점심시간에 가면 가성비 좋은 스시를 맛볼 수 있다. 3,000엔부터 5,000엔까지의 가격으로 스시를 코스로 맛볼 수 있고, 여기에 미소시루, 달걀찜, 디저트가 포함되어 있다. 테이블석도 있지만, 이왕이면 카운터석에 나란히 앉아 야마나카 씨가 스시를 만드는 모습을 보며 식사를 즐기는 편이 더 즐겁다.

서로 다른 문화의 합작품, 나가사키의 명물

지금으로부터 400년 전, 나가사키에 한 척의 배가 들어왔다. 작은 어촌에 불과했던 나가사키는 문을 꽁꽁 걸어 잠근 일본의 다른 도시와 달리 개방의 문을 활짝 열었고, 포르투갈에 이어 네덜란드, 영국, 러시아 등 수많은 나라와 일본을 연결하는 생기 넘치는 국제 무역항으로 변모했다.

나가사키에는 한국의 이자카야에서 흔히 맛볼 수 있는 나가사키 짬뽕 원조집이 있다. 빨갛고 매운 짬뽕과는 달리 뽀얀 국물의 맵지 않은 나가사키 짬뽕은 중국에서 온 진헤이준이라는 요리사가 나가사키의 가난한 중국 유학생들을 위해 요리하고 남은 고기 토막과 채소 등을 볶아 면을 넣고 끓인 게 시초다. 당시 중국 유학생들에게 그러했듯이, 푸짐한 해물과 걸쭉한 국물이 바쁜 여행으로 지친 몸과 마음을 뜨끈하게 데워

주었다.

나가사키 카스텔라도 명물 중 하나다. 달지 않아서 몇 개라도 먹을 수 있는 나가사키의 카스텔라는 1624년 포르투갈인에게서 전수된 비법으로 만들어진 것이 시초다. 오우라 성당 아래쪽의 비탈길에 늘어서 있는 기념품 숍마다 카스텔라를 팔지만, 이왕이면 오랜 전통을 지닌 후쿠사야 본점이나 쇼오켄 본점 등 몇 대째 이어가며 영업을 하고 있는 카스텔라 전문 가게에서 사는 게 진짜 나가사키 카스텔라의 진가를 맛볼 수 있다.

숭어의 난소를 소금에 절여 햇볕에 말린 가라스미는 나가사키의 진미로 꼽힌다. 중국에서 건너온 먹 모양을 닮았다고 하여 '먹'이란 뜻의 '가라스미'라고 이름 붙여졌다. 어란이 조선 시대 임금님 진상품이었듯이, 가라스미는 에도 막부 시대에 쇼군의 진상품이었을 정도로 귀한 음식으로 대접받았다. 치아 사이에 붙어 서서히 녹아 떨어지는 진득한 맛이 일품이다. 가라스미는 관광지 기념품 숍에서 쉽게 찾아볼 수 있는데, 얇게 썰어 파스타 위에 얹어 먹어도 맛있고, 깍두기처럼 썰어 술안주로 먹어도 맛있다.

가고시마 흑돼지의 풍미

가고시마에는 세계에서도 손꼽히는 활화산 사쿠라지마가 있다. 기타다케 1,117m, 나카다케 1,110m, 미나미다케 1,060m, 사쿠라지마의 3개 봉우리 가운데 미나미다케는 지금도 화산 활동이 진행 중이라 연기를 내뿜고 있다. 가장 최근에 분화한 건 1914년이지만, 지금도 크고 작은 폭발이 하루에 2~3번씩 일어난다.

사쿠라지마는 가고시마 부두에서 4km 떨어져 있어 페리를 타고 15분 정도 가면 된다. 사쿠라지마 중턱에 있는 2개의 전망대 중 하나인 유노히라 전망대에 오르면 미나미다케를 조망할 수 있는데, 운이 좋으면 활화산에서 연기가 피어오르는 장관도 볼 수 있다. 바다 건너 아련하게 보이는 가고시마 시내 경치도 그만이다.

(위) 뽀얀 국물의 나카사키 짬뽕, 나가사키
(아래) 오우라 성당으로 가는 비탈길의 기념품 숍, 나가사키

(위) 유노히라 전망대에서 볼 수 있는 미나미다케, 가고시마
(아래) 흑돼지 샤브샤브, 가고시마

가고시마는 '맛의 도시'로도 유명하다. 입에서 살살 녹는 가고시마의 특산물 흑돼지(구로부타)가 그 주인공이다. 가고시마는 일본 최대의 흑돼지 산지로, 미네랄 성분의 지하수와 고구마를 발효시켜 만든 사료를 먹고 자라 육질이 부드럽고 식감이 일품이다. 가고시마 흑돼지는 돈카츠와 샤부샤부, 라멘 등으로 다양하게 즐길 수 있는데, 그중에서도 돈카츠는 바싹한 튀김옷과 부들부들한 살코기, 놀랍도록 쫄깃한 비계가 찰떡궁합을 이룬다. 웬만한 돈카츠 맛집은 줄을 서야 먹을 수 있지만, 접시에 넘칠 듯이 담긴 두툼한 돈카츠는 오랜 기다림으로 지친 마음을 보상하기에 충분하다.

가고시마의 가루후 라멘은 규슈 3대 라멘으로 꼽히는데, 하카타 라멘과 비교하자면 같은 돈코츠 육수인데도 닭 뼈를 함께 넣고 삶아 돼지 비린내가 적고 담백하다고나 할까. 게다가 하카타 라멘보다 면이 얇아 국물의 간이 짭조름하게 배어 있다.

돼지고기가 유명한 가고시마라서 그런지 가고시마에서는 소고기가 아닌 돼지고기 샤부샤부가 일반적이다. 돼지고기 샤부샤부는 일본에서도 흔치 않은데, 가고시마에서 처음 먹기 시작했다. 돼지고기 샤부샤부를 주문하면 다시마 육수가 담긴 냄비와 다양한 채소와 버섯, 그리고 주인공인 흑돼지가 나온다. 대패삼겹살처럼 얇게 나오는 선홍빛의 흑돼지를 바글바글 끓는 육수에 데치듯이 살짝 넣었다 먹는 순간 야들야들한 흑돼지에 중독된다. _윤영주

여행 정보

HEY!
Get ready!

How to get there

대한항공과 아시아나항공을 비롯해 제주항공, 에어서울, 진에어, 이스타항공, 티웨이항공 등 다양한 저가 항공사에서 후쿠오카 직항편을 운항하고 있다. 소요 시간은 1시간 20분이다.

Where to go

● **후쿠오카 타워**福岡タワー : 1988년에 세워진 높이 234m의 타워다. 8,000장의 반투명 거울로 된 외관이 압권이다. 전망대는 123m 지점에 있다. 전망대에서는 하카타만에서 후쿠오카 시내까지 탁 트인 전망을 감상할 수 있다. 후쿠오카 타워까지는 하카타역에서 버스를 운행하고 있다.

ADD. 早良区百道浜２丁目３－２６ URL. www.fukuokatower.co.jp

● **시사이드 모모치 해변**シーサイドももち海浜公園

2.5km 길이에 인공적으로 조성된 해변이다. 후쿠오카 타워 바로 앞에 있다. 주말이면 가족 단위 나들이객이나 데이트족들로 붐빈다. 지중해풍 건물은 일본 최초로 인공 지반 위에 만든 해상 리조트 마리존이다. 이곳에는 레스토랑과 카페, 결혼식이 있을 때만 문을 여는 교회가 있다.

ADD. 早良区百道浜2丁目 URL. www.marizon-kankyo.jp

● **캐널시티 하카타**キャナルシティ博多 : 1996년 4월에 오픈한 곳으로, 180m의 인공 운하를 따라 쇼핑센터, 호텔, 면세점, 영화관, 레스토랑이 모여 있는 복합 공간이다. 170여 개의 매장이 있는 쇼핑센터에서 쇼핑의 즐거움을 톡톡히 누릴 수 있다. 매시간 운하에서 펼쳐지는 분수 쇼는 이곳의 최대 볼거리다. 일본 각지에서 선별된 8곳의 라멘 가게가 총망라된 라멘 스타디움에는 이치란 라멘 매장도 있다.

ADD. 福岡県福岡市博多区住吉1丁目2 URL. canalcity.co.jp

● **구라바엔**グラバー園 : 글로버의 저택과 오르트의 저택, 링거의 저택 등 나가사키 시내에 있던 서양식 건물 아홉 채를 외국인 거류지였던 미나미야마테로 옮겨 복원시켜 놓았다. 구라바는 스코틀랜드의 무역상이었던 토마스 플렉 글로버의 이름에서 따온 것인데, 일본인들이 글로버(Glover)를 '구라바'라고 발음했다. 글로버는 나가사키에 정착한 후 1862년에 저택을 지었다. 글로버 저택 앞에는 꽃을 사랑했던 글로버가 세계 각국의 꽃을 심어 정성스럽게 꾸민 1만여 평의 정원이 조성되어 있다.

ADD. 長崎県長崎市南山手町8番1号 URL. www.glover-garden.jp

● **오우라 성당**大浦天主堂 : 일본에서 가장 먼저 천주교를 들어온 나가사키에는 일본에서도 천주교 신자가 가장 많이 살고 있다. 1864년에 지어진 오우라 성당은 일본에서 고딕 양식으로 지은 가장 오래된 목조 성당이다. 100년 전에 프랑스에서 만들어졌다는 스테인드글라스가 볼 만하다.

ADD. 長崎県長崎市南山手町5-3 URL. nagasaki-oura-church.jp

● **하우스텐보스**Huis Ten Bosch : 1992년 3월에 개장한 이래 꾸준한 사랑을 받는 테마파크다. 6km가 넘는 운하, 벽돌 1개까지 네덜란드에서 직수입하여 지은 16~17세기 네덜란드풍 건축물, 40만 그루의 나무와 30만 송이의 꽃 등이 도쿄 디즈니랜드의 2배에 달하는 방대한 부지에 조성되어 있다. 3월 초부터 4월 중순까지 튤립 축제가 열리는 시기에 방문하면 풍차 주변으로 튤립이 탐스럽게 핀 하우스텐보스의 전형적인 풍경을 만나게 된다.

ADD. 長崎県佐世保市 ハウステンボス町1-1 URL. www.huistenbosch.co.kroura-churc

● **이치란 라멘 본점**–蘭本社総本店 : 하카다 라멘의 정석을 맛볼 수 있는 곳이다. 독자적으로 블렌딩한 30여 가지 재료를 숙성해서 만든 비법 소스가 라멘의 맛을 더해준다. 면을 다 먹고 남은 국물에 면만 추가할 수 있는데, 이때 면의 쫄깃한 정도를 다르게 고르면 새로운 한 그릇을 먹는 것과 같다. 자판기로 원하는 재료를 선택해 나만의 라멘을 만들 수 있다는 것도 장점 중 하나다. 모든 좌석이 독서실을 연상시키는 칸막이로 되어 있어 '혼밥러'들도 부담 없이 식사를 즐길 수 있다.

ADD. 福岡県福岡市博多区中洲5-3-2 URL. ko.ichiran.com

● **시카이로**四海樓 : 나가사키 짬뽕을 만든 진헤이준의 증손자가 1899년 문을 연 나가사키 짬뽕의 원조집이다. 통유리 너머로 나가사키만을 바라보며 먹는 짬뽕 맛은 감동적일 정도다. 5층 건물로 2층에는 짬뽕 박물관이 있다.

ADD. 長崎県長崎市松が枝町4-5 URL. shikairou.com

● **이치니산**いちにさん : 가고시마 흑돼지 샤브샤브 전문점으로 일본 전국에 체인이 있다. 워낙 유명해서 물어보면 모르는 일본인이 없을 정도다. 흑돼지 샤부샤부는 단품보다 세트 메뉴로 주문하는 것이 좋다. 샤부샤부와 소바, 리소토, 돈카츠 롤이 코스로 나온다. 후식으로 바나나 롤까지 먹으면 행복감이 전해온다.

ADD. 鹿児島市東千石町11-6 URL. ichiniisan.jp

● **시로쿠마**白熊 : 입에 넣자마자 사르르 녹는 얼음과 부드러운 연유가 어우러진 빙수는 흑돼지만큼이나 가고시마의 별미다. 그중에서도 상점과 레스토랑이 밀집된 아케이드 덴몬칸(天文館) 내 빙수 전문점 시로쿠마가 유명하다. '흰곰'이라는 뜻의 가게 이름은 하얀 얼음 위에 송송 박힌 팥알이 흰곰을 떠올리게 해서 그렇게 지어졌다고 한다. 녹차, 과일 등 빙수 종류가 무척 다양한데, 이 빙수를 먹기 위해 도쿄에서 택배로 주문하는 사람들도 있다.

ADD. 鹿児島県鹿児島市千日町 5-8 URL. mujyaki.co.jp

Suggestion Schedule

1 Day

오전 : 후쿠오카 국제공항 도착

오후 : 후쿠오카 타워, 시사이드 모모치 해변, 캐널시티 하카타 등 후쿠오카 시내 관광

2 Day

오전 : 나가사키로 이동

오후 : 구라바엔, 오우라 성당 등 나가사키 시내 관광

3 Day

오전/오후 : 전일 하우스텐보스 관광

밤 : 불꽃놀이 감상

4 Day

오전 : 가고시마로 이동

오후 : 사쿠라지마 유노히라 전망대에서 전망 감상

오후/밤 : 덴몬칸에서 쇼핑

5 Day

오전 : 후쿠시마 이동 후 후쿠시마 국제공항 도착, 한국행 비행기 탑승

오후 : 인천 국제공항 도착

미식 여행 ______03

베트남은 맛있다

베트남 다낭·후에·호이안

로스터리 카페, 호이안

행복한 탐식가들의 천국

〈고독한 미식가〉는 '아, 배가 고프다'라는 말과 함께 들어선 식당에서 음식을 주문하고 맛있게 먹는 과정을 보여주는 드라마다. 그저 주인공 고로 씨가 먹는 즐거움을 만끽하는 모습을 지켜보게 하는 설정이 반복될 뿐인데 일본에서 2012년부터 시즌제로 방영 중이고, 전 세계에서 수많은 패러디를 양산할 정도로 인기를 끌고 있다. 이 작품의 원작자인 구스미 마사유키는 일상 속 최고의 즐거움을 먹는 것으로 꼽았다.

여행에서도 '먹는다'는 행위가 중요해지고 있다. 유네스코 세계문화유산에 등재된 건물의 입장료보다 미슐랭 가이드에 소개된 값비싼 레스토랑에서 스스럼없이 지갑을 여는 여행객이 점점 더 늘어나고 있는 지금, 여행지에서 싸고 맛있는 음식을 만난다는 것은 그야말로 행운이 아닐 수 없다.

베트남 중부는 돼지 뼈와 소 뼈를 우려낸 육수를 이용한 비빔국수 '미쾅', 새우살이 입안 가득 씹히는 '반바오박', 호이안 대표 국수인 '카오라우', 호이안식 피자 '반콰이' 등 우리가 원하는 싸고 맛있는 음식의 천국이다. 과거 인도차이나 반도 해상 무역의 중심지였던 다낭과 호이안에서는 일본, 중국, 프랑스, 영국 등 다양한 국가의 영향을 받은 퓨전 음식을 맛볼 수 있고, 응우옌 왕조의 도읍이었던 후에에서는 베트남 정통 궁중 요리를 맛볼 수 있다. 동남아시아 여행이라고 하면 흔히 떠올리는 근사한 리조트에서 누리는 호사스러운 휴식과 더불어 풍족한 식탁까지 즐길 수 있는 곳, 베트남 중부에서 나는 행복한 '탐식가'가 되었다.

느긋한 커피 한 잔의 여유

밤사이 내린 비가 그쳤나 했더니 다시 빗방울이 떨어진다. 침대에서 뭉그적대다가 창문을 열었다. 시원한 빗소리를 타고 선선한 바람에 실려 오는 풀벌레 소리가 영화 〈그린 파파야 향기〉를 떠오르게 했다. 담벼락 너머로 빗물을 머금은 나뭇잎 위에 앉은 청개구리를 바라보는 소녀 '무이'가 있을 것만 같았다. 적당히 가라앉은 공기의 무게감이 청량하게 코끝을 스치는 다낭의 아침은 그렇게 시작되었다.

남북으로 길게 뻗은 베트남 중부에 위치한 다낭은 우리가 흔히 월남전이라 부르는 베트남 전쟁 기간에 미군들의 휴양지였다. 〈포브스〉지가 선정한 세계에서 가장 아름다운 6대 해변 중 하나라는 미케 비치를 중심으로 호이안까지 뻗어 있는 59km의 해변에는 유명한 리조트 체인과 고급 레스토랑이 즐비하다. 다낭 여행은 그랩을 이용해 숙소와 시내를 오가면 된다. 택시를 이용해도 좋지만, 때론 바가지 요금을 씌울 수 있으니, 목적지를 설정하면 비용과 차량번호까지 표시되는 그랩을 이용하는 편이 안전하면서도 유용하다. 무엇보다 프랑스 식민지 시절 지어진 파스텔 핑크톤이 예쁜 다낭 대성당, 1940년부터 형성된 재래시장 한시장, 다낭 시내를 관통하는 한강, 용 모양의 다리 커우롱 등 다낭 시내의 유명 관광 명소는 모두 도보 15~20분이면 갈 수 있는 거리에 있다.

베트남은 브라질에 이어 세계 2위의 커피 생산국이다. 전 국민이 커피를 즐긴다고 해도 과언이 아닌 이곳에서 커피는 빼놓을 수 없는 먹거리다. 우유를 넣지 않아 진하면서도 달콤한 아이스 커피 '카페 쓰어다'는 먹을수록 중독되는 맛으로 세계인의 입맛을 사로잡고 있다. '콩 카페'는 베트남 중부 여행에서 여행자라면 누구나 들르는 방앗간 같은 곳이다. 국부로 불리는 호치민 시대의 베트남을 모티브로 근대 베트남의 모습이 곳곳에 담긴 내부는 기념 사진을 남기기에도 좋고, 카페의 시그니처 메뉴인 '코코넛 스무디 커피'는 매일 생각이 날 만큼 매력적이다. 나 역시 다낭에 머무는 동안 매일같이 들렀던 것 같다.

동남아시아의 대부분 지역이 그렇듯이 다낭 역시 낮보다는 저녁이 더 활기차다. 축 늘어져 낮잠을 자던 길고양이마저도 저녁이 되면 걸음걸이가 당당해진다. 한강변을 따라 여유로운 저녁 시간을 즐기는 현지인들처럼 걸어보기도 좋고, 앉은뱅이 의자에 앉아 베트남식 숯불 구이를 즐겨도 좋고, 밤까지 개방되어 있는 사원에 올라 다낭

(위) 파스텔 핑크톤의 다낭 대성당, 다낭
(아래) '콩 카페' 인기 메뉴 '카페 쓰어다', 다낭

(위) 불꽃놀이가 펼쳐진 한강 야경, 다낭
(아래) 이 타오 가든의 궁중 요리, 후에

의 야경을 내려다봐도 좋고, 다낭의 밤을 즐기는 방법은 여러 가지다.

베트남 황제처럼

1993년 유네스코 세계문화유산 지정 연설문에서 후에를 가리켜 "유·무형의 온갖 문화유산을 간직한 베트남 민족의 지혜와 지식의 통합적 보고이자 자부심 그 자체"라고 했다. 덥고 습한 날씨 탓에 "후에는 가도 후회, 안 가도 후회"라는 우스갯소리가 있지만, 베트남의 예스러운 정취를 느끼기에 이보다 더 좋은 곳도 없다. 후에는 1802년 베트남 최초의 통일 왕조인 응우옌 왕조가 수도로 삼았고, 1945년까지 13대에 걸쳐 150여 년간 베트남의 수도였다.

후에의 왕궁과 왕릉을 둘러보기 위해 투어에 참여했다. 투어는 오전, 오후로 나뉘어 진행되는데, 나는 첫날은 오후 투어, 둘째 날은 오전 투어로 일정을 잡았다. 투어에는 버스, 흐엉강 보트, 가이드, 점심이 포함되어 있고, 선택 관광으로 전통 공연 관람이 있다.

베트남 요리 전문가들은 후에 궁중 요리야말로 베트남 음식 예술의 백미이자 최고봉으로 인정하고 있다. 응우옌 왕조 당시 전국에서 모여든 일류 요리사들은 후에에서 솜씨를 겨루었다. 이렇게 태어난 궁중 요리가 몇몇 요리사에 의해 오늘날까지 전해지고 있다. 후에까지 왔으니 정통 궁중 요리를 맛보지 않을 수 없을 터, 저녁 식사를 위해 후에의 궁중 요리집을 찾았다. 후에의 왕족들은 음식을 눈과 코와 혀로 먹었다고 하는데, 꽃과 동물 모양을 모티브로 한 음식들은 먹는 내내 즐거움을 선사했다. 다양한 코스로 나오는 음식을 천천히 음미하면서 후에의 특산품 중 하나인 후다 맥주까지 곁들이니, 베트남 왕족이 된 듯한 기분에 젖어들었다.

베트남 낭만 식도락 1번지

베트남 중부를 여행한 사람들이 최고로 꼽는 곳이 바로 호이안이다. 호이안 올드타운은 다낭에서 차로 20분밖에 걸리지 않는 데다 일본인이 만든 목조 다리인 내원교를 시작으로 고가, 박물관, 사당 등의 볼거리가 대부분 천푸 거리에 밀집되어 있어 반나절이면 들러볼 수 있다는 이동성 때문에 다낭에 숙소를 잡고 당일치기로 다녀가는 경우도 많다. 하지만 내게 호이안 여행의 조언을 구한다면 나는 무조건 1박이나 2박 이상 머무르길 권한다.

호이안을 감싸고 흐르는 투본강에 노을빛이 감돌기 시작하자 호이안이 로맨틱한 속살을 드러냈다. 석양이 질 무렵 보트를 타고 바라본 올드타운은 시클로를 탄 사람들과 걷는 사람들, 노란색 건물과 오색 지등이 어우러져 황홀한 풍경을 연출했다. 감상에 한껏 젖어들 즈음, 소원을 비는 초를 비싸게 건네는 뱃사공 할머니. 어쩌면 정말 소원을 들어줄지 모른다는 마음에 초를 강 위에 띄웠다. '좋은 책이 나오게 해주세요.' 만약 당신이 이 책을 보고 있다면 내 소원은 이루어진 것일 테니, 소원 초는 단순한 상술 그 이상의 것일지도 모른다. 보트에서 내려 본격적으로 올드타운의 밤을 만끽했다. 어둠이 내리고 오색지등이 하나둘 켜진 호이안 올드타운은 낮보다 몇 배는 더 아름다웠다. 걸음을 뗄 때마다 만나는 호객 행위를 하는 현지인들이 흠이라면 흠일 수 있지만, 타임머신을 타고 시간과 공간을 뛰어넘은 것처럼 신비로운 호이안의 밤이 끝나지 않길 바랐다.

베트남 식도락 1번지라고 불리는 호이안에는 먹을거리가 넘친다. 그중에서도 새우 만두인 '반바오박'과 '반미'는 꼭 맛봐야 할 호이안 특급 먹을거리다. 백장미처럼 아름답다고 해서 '화이트 로즈'라고도 불리는 반바오박은 딤섬과 만두 사이의 식감을 가졌다. 해상 무역이 활발할 당시 중국의 영향을 받아 탄생한 음식으로 추정되는데, 쌀가루로 만든 피에 새우나 돼지고기를 채워 딤섬처럼 찜통에서 익힌 후 튀긴 양파를 고명으로 올린다. 뜨끈하게 김이 오르는 반바오박을 느억맘 소스에 찍어 먹자 "맛있다"는

(위) 소원초가 떠다니는 투본강 야경, 호이안
(아래) '화이트 로즈'라고도 불리는 반바오박, 호이안

느긋하게 일광욕을 즐길 수 있는 안방 해변, 호이안

소리가 절로 나왔다.

반미는 호이안에 가면 반드시 맛보아야 할 음식이다. 여행자들이 꼽는 3대 반미 맛집인 반미 프엉, 마담콴 반미, 피 반미 중에서도 반미 프엉은 미국의 유명 셰프이자 방송인 안소니 부르댕이 세계에서 가장 맛있는 반미라고 극찬한 맛집이다.

호이안 일정에 조금 여유가 생겨 호이안 올드타운에서 약 6km 떨어진 동쪽에 위치한 안방 해변으로 향했다. 햇살이 좋은 날 선베드에 누워 일광욕을 하는 사람들과 모래성을 만드는 아이들, 거센 파도에도 수영을 즐기는 사람들의 모습이 어우러져 하나의 풍경을 만들어내고 있었다. 물을 흠뻑 머금은 붓에 파란색 물감을 묻혀 칠한 것처럼 엷은 하늘색과 살랑살랑 부는 기분 좋은 바람이 "어서 오라"며 반겨주는 것 같았다. _이지은

여행 정보

HEY! Get ready!

How to get there

대한항공, 아시아나항공, 비엣젯항공 등이 인천 - 다낭 구간 직항편을 운항하고 있으며, 소요 시간은 약 4시간 30분이다.

Where to go

● **구엔 왕궁**Dai Noi : 후에 구시가지 안의 또 하나의 도시인 구엔 왕궁은 왕궁 주변이 높이 5m의 성벽으로 둘러싸여 있다. 성벽의 동서남북 방향에 궁전의 출입구가 있는데, 남쪽 문 응오몬(Ngo Mon)이 주요 출입문이다. 응오몬을 지나 입장하면 높이 37m의 국기 게양대가 나온다. 1809년에 지아롱 황제가 건설한 것인데, 1904년 태풍으로 파손되었다가 1967년에 복구되었다.

ADD. Imperial City, tp. Huế, Thừa Thiên Huế, Vietnam

● **티엔무 사원**Chua Thien Mu : 1601년 지방 군주가 세운 절로, 후에의 왕궁과 사원 중에 가장 볼 만하다. 높이 21m의 7층 8각 탑에는 층마다 불상이 소장되어 있다. 뒤뜰에 있는 낡은 자동차도 눈여겨보자. 1963년 티엔무 사원의 주지승이 불교 탄압에 저항하여 사이공에서 분신을 시도했을 때 타고 있던 차다.

ADD. Kim Long, Hương Long, Tp. Huế, Thừa Thiên Huế, Vietnam

● **내원교**Cau Lai Vien : 호이안 도보 여행의 시작점이다. 베트남어로 '커우 라이 비엔(Cau Lai Vien)'으로, 호이안 도보 여행의 시작점이다. 일본인 거리와 중국인 거리를 연결하기 위해 일본인들이 1539년에 세웠다. 교각부를 석재, 교량부를 목재로 만든 전형적인 일본식 건축 양식으로 지어졌다. 일본인 마을을 바라보는 원숭이 조각상과 중국인 마을을 향한 개 조각상이 다리를 지키고 있다.

ADD. Nguyễn Thị Minh Khai,Cẩm Phô,tp. Hội An,Quảng Nam, Vietnam

● **광조 회관**Hoi Quan Quang Dong : 중국 교포들의 향우회 장소로 이용되는 곳으로, 조각으로 꾸민 화려한 입구 때문에 쉽게 찾을 수 있다. 중국 광둥성 출신 화교들이 세운 안뜰에는 용 조각이 있다. 화교 상인들이 주로 도자기를 거래했던 곳이라 도자기 조각으로 꾸며져 있어 화려하다.

ADD. 176 Trần Phú, tp. Hội An, Quảng Nam, Vietnam

Where to eat

● **노보텔 스카이 36**Novotel Sky 36 : 노보텔 호텔 36층에 위치하고 있으며, 클럽과 루프톱 바가 있는 다낭의 핫 플레이스다. 저녁 식사 후 한강변을 산책하고 둘러보기 좋은 위치에 있다. 다낭 시내를 조망하기에는 최고의 장소이자 야경 명소이다.

ADD. 36 Bạch Đằng, Hải Châu, Q. Hải Châu,
Da Nang City 551291, Vietnam

● **콩 카페**Cong Ca Phe : 2007년 하노이의 작은 카페에서 시작해 베트남 전역으로 퍼진 카페다. 1980년대 베트남의 모습을 모티브로 한 카페 분위기, 전용 농장에서 생산된 원두만 사용하는 커피 맛으로 현지인은 물론 여행객들의 입맛까지 사로잡고 있다. 한강이 보이는 2층 창가자리에서 카페의 시그니처 메뉴인 '코코넛 스무디 커피'를 마셔보길 권한다.

ADD. 96-98 Bạch Đằng, Hải Châu, Đà Nẵng, Vietnam

●**콴 후에 응온**Quan Hue Ngon : 다낭 대성당 근처에 위치한 숯불 구이 집이다. 앉은뱅이 의자에 앉아 베트남식 숯불 구이를 맛볼 수 있다. 저렴한 가격과 다양한 메뉴로 가성비 뛰어난 맛집이다. '라루 맥주(Larue beer)'는 꼭 곁들여 맛보길 권한다.

ADD. 65 Trần Quốc Toản, Phước Ninh, Hải Châu, Đà Nẵng 550000, Vietnam

●**이 타오 가든**y Thao garden : 후에 성 근처에 있는 레스토랑으로 베트남 정통 궁중 요리를 맛볼 수 있다. 고풍스러운 분위기 속에서 눈과 코와 혀로 즐긴다는 정통 궁중 요리와 함께 황제가 된 기분을 만끽할 수 있다. '후다 맥주(Fuda beer)'도 빼먹지 말고 주문하자.

ADD. 03 Đường Thạch Hãn, Thuận Hoà, Thành phố Huế, Thừa Thiên Huế, Vietnam

●**모닝글로리**Morning Glory : 명실상부 호이안 최고의 맛집으로, 어떤 메뉴를 주문해도 후회가 없을 만큼 맛있다. 식사 시간에는 언제나 붐비므로 점심이나 이른 저녁 시간에 방문하길 권한다. 모닝글로리는 물론이고, 물고기 한 마리가 통째로 튀겨져 나오는 생선 요리가 일품이다.

ADD. 103-91 Nguyễn Thái Học, Phường Minh An, Hội An, Quảng Nam, Vietnam

●**봉홍트랑**Bong Hong Trang : 가게의 이름 '봉홍트랑'은 '화이트 로즈'의 베트남식 발음이다. 메뉴는 '반바오박'과 '반콰이' 두 가지뿐. 로컬 맛집으로 소문난 봉홍트랑에서 호이안의 참맛을 놓치지 말고 즐기자.

ADD. 533 Hai Bà Trưng, Phường Cẩm Phổ, Hội An, Quảng Nam, Vietnam

Where to stay

● 풀만 다낭 비치 리조트Pullman Danang Beach Resort

전 객실이 비치나 인피니티 풀을 조망할 수 있는 발코니를 갖추고 있다. 스파나 헬스, 요가 프로그램 등을 즐기며 리조트 라이프를 만끽할 수 있을 뿐 아니라 다낭 시내까지 접근성도 좋다. 걸어서 미케 비치까지 나갈 수 있으니 아침저녁으로 물드는 해변을 감상할 수 있다.

ADD. 101 Nguyen Giap street, Khuê Mỹ, Ngũ Hành Sơn, Đà Nẵng 055000, Vietnam

URL. accorhotels.com

● 알마니티 호이안 웰리스 리조트Almanity Hoi An Wellness Resort

호이안에서 만날 수 있는 오아시스와 같은 곳. 직사각형 모양의 건물에 객실들이 배치되어 있으며, 중앙에 자리한 수영장은 비밀의 화원 같은 느낌을 준다. 2박 이상 머무르며 진정한 휴식을 즐겨보길 바란다. 호이안 올드타운까지 도보로 이동할 수 있고, 안방 해변까지 무료 셔틀을 운행하고 있다.

ADD. 326 Lý Thường Kiệt, Phường Minh An, Hội An, Quảng Nam 560000, Vietnam

URL. almanityhoian.com

Suggestion Schedule

1 Day

밤 : 다낭 국제공항 도착

2 Day

오전 : 리조트 휴식

오후 : 다낭 대성당, 한시장 등 다낭 시내 관광

밤 : 스파 및 노보텔 스카이 36바에서 야경 감상

3 Day

오전 : 후에로 이동

오후 : 후에 왕궁 투어

밤 : 후에 전통 궁중 요리로 저녁 식사

4 Day

오전 : 후에 왕릉 투어

오후 : 호이안으로 이동

밤 : 호이안 밤 거리 산책

5 Day

오전/오후 : 리조트 라이프

밤 : 호이안 올드타운 관광 및 투본강 일몰 감상

6 Day

오전/오후 : 안방 해변

밤 : 야시장에서 쇼핑 및 스파

다낭 국제공항으로 이동 후 귀국편 탑승

7 Day

오전 : 인천 국제공항 도착

가장 아름다운 서점 중 하나로 손꼽히는 렐루 서점,
포르투갈 포르투

DECUS

영화 〈비포 선라이즈〉 촬영지, 오스트리아 빈

영화 따라 여행

〈비포 선라이즈〉〈비포 선셋〉

오스트리아 빈 & 프랑스 파리

레코드 가게 알트운트노이, 오스트리아 빈

여행지에서 만난 운명적 사랑

로맨스 영화에서 '낯선 곳에서의 우연한 만남'만큼 닳디닳은 소재가 또 있을까. 마치 주인공이라도 된 듯 남녀 주인공의 로맨스에 감정 이입을 하며 영화를 보곤 하지만, 직접 '그 장소'에 가서 진짜 '그 주인공'이 되고 싶었던 영화는 〈비포 선라이즈〉가 유일하다.

1996년, 지금은 폐관된 종로 코아아트홀에서 영화를 보고 나온 뒤부터 오스트리아 빈이 머릿속에 내내 맴돌았고, 급기야 비행기 표까지 알아봤다. 하지만 정작 빈에 간 건 이듬해 여름방학 때 떠난 유럽 배낭여행에서였다. 한 달간 10개국을 여행하는, 지금 떠올리면 무지막지한 일정이었지만, 영국 런던, 프랑스 파리 같은 쟁쟁한 도시를 제치고 내 안에서 가장 기대되는 도시는 단연 빈이었다.

오스트리아 인스브루크에서 빈으로 가는 기차 안에서 왠지 제시(에단 호크 분)와 마주칠 것만 같았다. 제시와 셀린(줄리 델피 분)이 흘끔거리며 음악을 듣던 레코드숍, 수줍게 첫 키스를 나누었던 프라터 공원의 대관람차, 딱 붙어 앉았던 트램 뒷자리, 해뜨기 전까지 배회했던 거리 곳곳을 따라 걷는 내내 가슴이 두근거렸다.

빈 기차역에서 제시와 셀린은 6개월 뒤 만나기로 하고 연락처도 주고받지 않은 채 헤어진다. 그들이 다시 만난 건 6개월 뒤 빈이 아니라 9년 뒤 파리였다. 영화 〈비포 선셋〉은 〈비포 선라이즈〉를 본 관객이라면 누구나 궁금해하는 후일담을 들려준다. 재회의 장소인 헌책방, 파리지앵의 일상을 엿볼 수 있는 아기자기한 골목들, 유람선에서의 일몰까지, 파리의 매력이 유감없이 드러난다.

〈비포 선라이즈〉와 〈비포 선셋〉을 그저 아름다운 여행지를 배경으로 한 말랑말랑한 로맨스 영화라고만 생각하면 오산이다. 두 주인공은 빈과 파리를 돌아다니며 수많은 이야기를 나눈다. 〈비포 선라이즈〉에서는 20대에 한 번쯤 생각했을 법한 사랑, 인생, 죽음에 대한 단상을 얘기한다. 때때로 논쟁이 오가지만, 다름을 확인하며 그들은 서로에게 점차 이끌린다. 〈비포 선셋〉에서는 〈비포 선라이즈〉에서보다 시니컬한 대화가 오간다. 30대에 들어선 제시와 셀린의 이성과 결혼에 대한 현실적인 생각, 가치관, 정치관 등이 가감 없이 드러난다. 여전히 서로에게 호감이 있는데도 정작 확인하고 싶은 진심을 감추고 내내 일상적인 이야기만 이어가는 두사람. 영화 말미에 이르러서야 셀린이 용기를 내어 제시에게 마음이 담긴 노래를 불러주어 해피엔딩을 짐작케 한다. 그들을 처음 만났을 때는 20대였다가 함께 나이가 들어 30대에 〈비포 선 셋〉을 보니 그들의 대화에 절로 고개가 끄덕여졌다.

설렘이 새록새록

영화 〈비포 선라이즈〉는 기차 안에서 시작된다. 제시는 미국으로 가는 비행기를 타기 위해 부다페스트에서 빈으로 가고 있고, 셀린은 할머니 집에서 며칠을 보낸 뒤 파리의 집으로 가는 중이다. 어쩌다 말을 트게 된 두 사람은 하루 동안 빈을 여행하기 위해 함께 빈에서 내린다.

빈에 도착하자마자 제시와 셀린이 트램을 타고 가장 먼저 간 곳은 레코드 가게 '알트운트노이'이다. 비좁은 청음실에서는 캐스 블룸의 재즈곡 〈Come Here〉가 흐르고 아직 어색한 그들은 딴청을 피우는 척하며 서로를 훔쳐본다. 이윽고 눈이 마주치자 홍조된 얼굴에 미소를 머금는다. 그 모습에서 이제 막 서로를 알아가기 시작하는 설레는 연애 감정이 흘러 넘친다.

영화가 촬영된 지 20년도 더 지났지만, 알트운트노이에는 영화 속 모습이 그대로 박제되어 있다. 빈 시민들이 LP를 사고파는 장소인 이곳에는 여전히 손때 묻은 LP판이 즐비하고, 가게 한쪽에는 빛바랜 영화 포스터가 덩그러니 붙어 있다. 단 한 가지, 아니 결정적으로 달라진 점이 있다면 청음실은 이제 잡다한 짐을 쌓아둔 창고가 되어 있었다.

레코드 가게에서 나와 빈 여기저기를 걷던 제시와 셀린은 어느덧 손을 잡고 다

(위) 제시와 셀린이 6개월 뒤 다시 만나기로 한 빈 기차역, 오스트리아 빈
(아래) 제시와 셀린이 첫키스를 나눈 프라터공원, 오스트리아 빈

닐 만큼 훌쩍 가까워졌다. 일몰 무렵, 그들은 프라터 공원으로 향하고 대관람차 안에서 자석에 끌리듯 달콤한 첫 키스를 나누었다. 그들이 향했던 빈 북동부에 자리한 프라터 공원은 면적 600만m^2의 너른 공원이다. 피크닉을 즐길 수 있는 녹지와 대관람차, 미니열차 같은 놀이 기구가 있어 시민들의 휴식 공간으로 사랑받고 있다.

1880년에 오픈해 140년 역사를 간직한 카페 슈페를은 레코드 가게와 대관람차와 함께 〈비포 선라이즈〉의 명장면이 촬영된 장소로 꼽힌다. 카페에서 제시와 셀린은 각자의 친구가 되어 전화를 받는 상황을 연출하고, 제시에게 점차 빠져든 셀린은 친구에게 말하는 것처럼 제시에게 자신의 감정을 솔직히 고백한다.

"아름다운 꿈을 가슴에 품은 꼬마라니 너무 사랑스럽잖아. 거기에 사로잡혔어. 게다가 잘생겼고, 예쁜 푸른 눈과 붉은 입술에 기름진 머리까지 맘에 들어. 키는 큰데 어설픈 구석이 있어."

소박하지만 매력적인 파리의 뒷골목

"이렇게 하자. 셀린, 어제부터 그러니까 6월 16일부터 6개월 뒤야. 지금부터 6개월 뒤 저녁 6시, 빈 서부역 9번 승강장에서 다시 만나자. 알았지?"

그들의 재회는 6개월 후가 아니라 9년 후 파리 5구에 있는 서점 셰익스피어&컴퍼니에서 이루어졌다. 제시는 빈에서의 운명적 만남을 소설로 써서 베스트셀러 작가가 되었고, 이 책의 출판 기념회를 파리에서 열었다. 노트르담 대성당 바로 앞 센강변에 자리한 셰익스피어&컴퍼니는 파리에서 유일한 영미 문학 서점으로 헤밍웨이, 피츠제럴드 같은 작가가 이곳에서 영감을 주고받고 토론을 나눴다. 우디 앨런 감독의 영화 〈미드나잇 인 파리〉에도 셰익스피어&컴퍼니가 등장한다. 서점의 유명세 때문에 책을 사러 오는 사람보다 구경하러 온 사람들이 많아서인지 서점 내부에서의 촬영이 금지되어 있다.

(위) 제시와 셀린이 재회한 문학 서점 세익스피어&컴퍼니, 프랑스 파리
(아래) 식당과 카페가 늘어선 갈랑 드 거리, 프랑스 파리

생마르텡 운하를 유람하는 카노라마 유람선, 프랑스 파리

〈비포 선라이즈〉가 빈의 주옥같은 관광지를 배경으로 하고 있다면, 〈비포 선셋〉에는 파리의 화려한 관광지보다 뒷골목이 주를 이룬다. 셰익스피어&컴퍼니의 오른쪽에는 서점에서 운영하는 카페가 있고, 모퉁이를 돌면 생 줄리랑 르 포브르 거리가 나온다. 서점에서 만난 제시와 셀린은 기억의 편린을 풀어내며 벽돌이 깔린 좁다란 골목길을 걷는다. 양옆으로 검박하고 수더분한 식당과 카페가 있는 이 골목은 갈랑 드 거리와 이어진다.

유람선을 타기로 한 그들은 투르넬 부두에서 카노라마 유람선을 탄다. 관광객들은 파리의 유람선 하면 '바토 무슈'를 떠올리지만, 파리에는 바토 무슈 외에도 10여 종의 유람선이 있다. 바토 무슈가 센강을 유람하며 에펠탑, 오르세 미술관 같은 파리의 명소를 아우른다면, 카노라마 유람선은 한적하고 평화로운 분위기의 주변 풍경을 살피며 생마르탱 운하를 유람한다. 유람선을 탄 두 사람 뒤로 눈부신 일몰이 드리워지는 풍경은 〈비포 선셋〉 포스터에 고스란히 녹아들어 있다. _윤영주

여행 정보

HEY! Get ready!

How to get there

빈까지는 대한항공에서 매일 운항하는 직항편을 이용하면 되고, 파리까지는 대한항공과 아시아나항공에서 운항하는 파리행 직항을 이용하면 된다. 빈까지의 소요 시간은 11시간 20분이고, 파리까지의 소요 시간은 약 12시간이다.

Where to go

● **알베르티나 박물관**The Albertina Museum : 고딕 시대부터 현대 미술에 이르는 5만여 점의 작품이 전시되어 있다. 박물관 2층에 있는 동상을 배경으로 〈비포 선라이즈〉의 포스터가 촬영되었다. 빈 국립 오페라 하우스가 보이는 테라스에서는 제시와 셀린이 두 번째 키스를 나누는 장면이 촬영되었다.

ADD. Albertinaplatz 1, 1010 Wien URL. www.albertina.at

● **노트르담 대성당**Cathedrale Notre-Dame : 파리를 대표하는 상징물로 하루 3만여 명이 찾는 명소였던 노트르담 대성당은 안타깝게도 2019년 4월, 대규모 화재로 첨탑이 무너져 내리는 등 큰 피해를 입었다. 〈비포 선셋〉에서 유람선을 타고 센강을 건너다 노트르담 대성당을 발견한 제시와 셀린이 대화를 나누는 장면이 나온다.

ADD. 6 Parvis Notre-Dame - Pl. Jean-Paul II, 75004 Paris URL. www.notredamedeparis.fr

Where to eat

●카페 자허 Cafe Sacher **:** 1832년 프란츠 자허가 살구잼을 넣은 진한 초콜릿 케이크 자허토르테(Sachertorte)를 선보였고, 1837년 그의 아들이 카페 자허를 창업했다. 에스프레소에 밀크폼과 휘핑크림을 얹은 자허 멜란지(Sacher Melange)도 맛이 일품이다.

ADD. Philharmonikerstrasse 4, A-1010 Wien URL. www.sacher.com

●카페 드 플로르 Café de Flore **:** 파리 3대 카페 중 하나로 꼽히며 알베르 카뮈, 에디트 피아프, 자코메티 형제 등 많은 예술가의 아지트로 군림했다. 진하디진한 핫초코 쇼콜라 쇼(Chocolat Chaud)를 주문하자.

ADD. 172 Boulevard Saint-Germain, 75006 Paris

URL. cafedeflore.fr

Where to buy

●케른트너 거리Kärntner Strasse **:** 국립 오페라 하우스부터 오스트리아 최대의 고딕 양식 건축물인 슈테판 대성당까지 이어진 보행자 전용 도로다. 빈 최고의 쇼핑 거리로, 빈 최대 규모의 백화점인 슈테플 백화점이 있다.

ADD. Kärntner Strasse 18, 1010 Wien

●생제르망 데프레 St-Germain-des-Pres **:** 생제르망 데프레는 쇼핑 명소일 뿐만 아니라 2차 파리의 지성을 대변하는 장소이기도 하다. 유수의 예술가와 철학자들이 드나들었던 유서 깊은 카페인 '카페 드 플로르'와 '레 두 마고(Les Deux Magots)'에도 들러보자.

ADD. Place St-Germain-des-Pres, 75006 Paris

Suggestion Schedule

1 Day **오후 :** 빈 국제공항 도착

2 Day **오전/오후 :** 알트운트노이, 카페 슈페를, 프라터 공원, 알베르티나 박물관 등 〈비포 선라이즈〉 촬영지 순례

3 Day **오전 :** 벨베데레 궁전, 호프부르크 왕궁 등 빈 명소 관람
오후 : 케른트너 거리에서 쇼핑 및 카페 자허에서 자허토르테 맛보기
밤 : 국립 오페라 극장에서 공연 관람

4 Day **오전 :** 빈 국제공항 도착 후 파리행 비행기 탑승
오후 : 파리 드골 공항 도착 후 센강 유람선 즐기기

5 Day **오전/오후 :** 셰익스피어&컴퍼니, 생 줄리랑 르 포브르 거리, 갈랑 드 거리, 노트르담 대성당 등 〈비포 선셋〉 촬영지 순례

6 Day **오전 :** 개선문, 에펠탑, 루브르 박물관 등 파리 명소 관람
오후 : 생제르망 데프레에서 쇼핑 및 쇼콜라 쇼 맛보기
밤 : 파리 드골 공항 국제공항 도착 후 한국행 비행기 탑승

7 Day **오전 :** 인천 국제공항 도착

〈라라랜드〉

로스앤젤레스

LA 야경 명소인 그리핀스 천문대

꿈의 도시와 사랑에 빠지다

해외여행은커녕, 가장 멀리 떠난 여행이 수학여행으로 간 경주였던 고등학생 시절, 대학생이 되면 가장 먼저 하고 싶은 일이 해외여행이었고, 가장 먼저 가고 싶은 여행지가 바로 로스앤젤레스(이하 LA)였다. 당시 인기를 끌었던 미국 드라마 〈베벌리 힐스 아이들〉은 학교 수업과 야간 자율 학습이 끝나면 독서실로 직행하는 일상의 반복이었던 나에게 꽤 충격적이었다. 복장이나 두발 단속 없는 자유로운 학교 생활은 물론 로데오 드라이브에서 쇼핑하고 산타 모니카 해변에서 서핑을 즐기는 고등학생들은 마치 별나라에 사는 사람들 같았다. 또 뉴 키즈 온 더 블록이나 토미 페이지 같은 당시 최고 인기를 누리며 내한 공연을 했던 팝스타도 LA라는 도시에 대한 막연한 동경심에 불을 지폈다.

대학생이 되고 어학연수 차 미국에 갔다가 돌아오는 길에 내 꿈의 도시 LA를 여행할 기회가 생겼다. LA에서 가장 먼저 간 곳은 두말할 것도 없이 베벌리 힐스였다. 〈베벌리 힐스 아이들〉의 주 무대였던 부자들만 사는 고급 주택가 베벌리 힐스의 명품 쇼핑 거리 로데오 드라이브를 걷자, 영화 〈프리티우먼〉에서 줄리아 로버츠가 음악에 맞춰 거리를 활보하는 장면이 자연스레 떠올랐다.

한 달에 2번 주연 배우와 감독이 참가하는 프리미어 시사회가 열리는 맨스 차이니스 극장도, 아카데미 시상식이 열릴 때면 한껏 차려입은 스타들이 레드카펫 위를 사뿐히 밟고 지나가는 돌비 극장이 있는 할리우드도 가슴 설레는 곳이었다. 맨스 차이니스 극장 앞에는 200명의 배우와 감독들의 손과 발, 사인 프린팅이 있는데, 기념 촬영을 하려는 이들로 늘 장사진을 이룬다.

브리티니 스피어스, 린제이 로한, 패리스 힐튼 등 할리우드 스타들과 그들을 찍기 위해 파파라치들이 주로 출몰하는 곳은 로버트슨 블루바드다. 이곳에는 할리우드 패션 트랜드를 한눈에 읽을 수 있는 셀렉트 숍과 감각적인 인테리어 숍, 그리고 유명인들이 친구를 만나 수다를 떠는 캐주얼한 분위기의 레스토랑과 카페가 있다. 그중

(위) 할리우드 스타들이 즐겨 찾는 로버트슨 블루바드
(아래) 맨스 차이니스 극장 앞에 있는 영화 〈트와일라잇〉 프린팅

에서도 레스토랑 더 아이비는 따사로운 햇살이 내리쬐는 파티오석에 앉아 식사를 즐기는 패셔니스트들이 주로 찾는 곳이다. 배우와 영화 제작사가 옆 테이블에 앉아 영화에 관해 이야기하는 모습도 심심치 않게 볼 수 있다.

개성 가득한 숍들을 구경하는 것만으로도 재미있는 멜로즈 애비뉴에는 수많은 샐러브리티를 단골로 둔 명물 핫도그 집이 있다. 1939년에 오픈한 핑크스가 그 주인공으로, 인기 스타들이 이곳을 찾는 이유가 흥미롭다. 핑크스는 원래 노점으로 시작한 곳인데, 할리우드에서 스타가 되기 위해 고군분투하면서 먹었던 핫도그의 맛을 톱스타가 된 이후에도 잊지 못해 찾는다고 한다.

꿈을 현실로 만드는 라라랜드

2015년 데뷔작 〈위플래쉬〉로 천재성을 인정받은 데이미언 셔젤. 사실 〈라라랜드〉는 그가 〈위플래쉬〉보다 먼저 쓴 작품이다. 하지만 유명하지 않은 곡을 사용한 뮤지컬인 〈라라랜드〉가 이미 한물간 장르라고 여긴 영화사들은 흥행이 어려울 것이라는 생각에 제작에 난색을 보였고, 데이미언은 이 영화의 제작을 잠정 보류했다. 이후 2013년 18분짜리 단편 영화로 출품한 〈위플래쉬〉가 선댄스 영화제에서 폭발적인 호응을 얻으며 이듬해 장편 영화로 제작되어 그해 아카데미 시상식에서 5개 부문 후보로 오르면서, 비로소 〈라라랜드〉를 제작할 수 있었다. 〈라라랜드〉는 2017년 아카데미 시상식에서 작품상, 감독상 등 7관왕이라는 위엄을 달성했다.

영화 제목이자 LA와 할리우드의 별칭인 '라라랜드'는 '현실과 동떨어진 꿈의 나라'를 뜻한다. 데이미언 셔젤은 "LA라는 도시가 비현실적인 꿈을 가진 사람들과 꿈에 대해 솔직히 말하는 사람들이 만들어낸 도시"라는 생각을 밝힌 바 있는데, 〈라라랜드〉의 촬영지 면면을 보면 영화의 배경지를 꼭 LA로 하고 싶어 했던 그의 생각을 엿볼 수 있다. 〈라라랜드〉에서 가장 인상적이고 몽환적인 장면을 꼽자면 미아(엠마 스톤 분)

와 세바스찬(라이언 고슬링 분)이 별이 가득한 하늘을 유영하며 OST 〈Planetarium〉에 맞춰 우아하게 왈츠를 췄던 장면이다.

LA에서 가장 매력적인 전망 포인트인 그리피스 천문대는 제임스 딘 주연의 영화 〈이유 없는 반항〉의 촬영지로 한 차례 유명세를 탔다가, 〈라라랜드〉 이후 다시금 주목을 받았다. 이곳에서는 〈터미네이터〉, 〈트랜스포머〉 같은 영화도 촬영되었다. 그리피스 천문대는 해 질 무렵이면 그 진가를 발한다. 일몰 시각이 가까워질 때쯤 붉은색을 띠며 그러데이션 되는 하늘색과 고대 그리스 양식이 절묘한 조화를 이루고 있는 천문대와 어우러져 로맨틱하게 변신한다. 자연이 선사하는 영화와 같은 순간을 직접 눈으로 보기 위해 많은 인파가 천문대를 찾곤 하는데, 옆에 있는 사람과 금방 사랑에 빠질 수밖에 없을 것만 같은 로맨틱한 분위기 때문에 커플들이 많다. 천문대 2층 난간에 걸터앉으면 LA 시내가 한눈에 보이고, 나도 모르게 영화 OST 〈City of Stars〉를 흥얼거리게 된다.

> City of stars, are you shining for me?
> 별들의 도시여, 당신은 오직 나만을 위해 빛나고 있나요?
> …
> That night, our dreams, they've finally come true.
> 그날 밤, 우리의 꿈은 마침내 현실이 되었어요.

그리피스 파크에서 그리피스 천문대로 가는 오르막길에서 영화 포스터의 배경이자 붉은 석양 아래 탭댄스를 추는 장면을 촬영했다. 그렇다고 그리피스 파크에서 두 사람을 비추던 가로등이나 미아가 신발을 갈아 신은 벤치를 찾지는 말길 바란다. 영화를 위해 특별히 제작된 것으로 실제로는 볼 수 없으니 말이다.

(위) 그리피스 전망대 내부
(아래) 그리피스 전망대 2층 난간에서 본 LA 시내

〈라라랜드〉의 발자취를 따라

LA의 관광지는 〈라라랜드〉 전과 〈라라랜드〉 후로 나뉜다고 해도 과언이 아니다. LA를 찾는 이들에게는 할리우드, 베벌리 힐스 같은 기존의 인기 관광지는 물론 그리피스 천문대, 에인절스 플라이트, 더 라이트 하우스, 리알토 극장, 스모크 하우스 같은 〈라라랜드〉의 촬영지를 순례하며 인증샷을 찍는 게 필수 코스가 되어버렸다. 그중에서도 〈You are a Star〉 벽화는 인증샷을 위한 최적의 장소다. 할리우드 불러바드와 윌콕스 애비뉴가 만나는 곳에 자리한 이 벽화에는 찰리 채플린, 제임스 딘, 메릴린 먼로, 엘리자베스 테일러, 우디 앨런, 주디 갈런드 같은 할리우드 스타들이 불 꺼진 영화관 객석에 앉아 영화를 관람하는 그림이 있어 이곳을 지나는 사람들이 영화의 주인공이 된다. 1983년에 그려진 벽화는 일부가 파손되었지만 1995년에 지금의 모습으로 복원되었다. 지루하고 재미없는 파티를 박차고 나온 미아가 차까지 견인된 걸 알고 상심한 마음에 거리를 걷다가 이 벽화 앞을 지나게 되고, 세바스찬의 피아노 연주에 홀린 듯 '립톤스'로 들어간다.

립톤스는 현재 그 자리에 없지만, 내부 촬영을 한 '스모크 하우스 레스토랑'은 건재하다. 이곳은 1946년 오픈해 오랜 역사를 지닌 레스토랑이다. 세바스찬이 연주하던 피아노 대신 재즈 공연이 열리는 무대가 마련되어 있어 공연을 감상하며 식사를 즐길 수 있다. 스모크 하우스 레스토랑과 가까운 곳에는 미아가 배우의 꿈을 키우며 아르바이트를 하던 카페가 있는 워너 브러더스 스튜디오가 있다.

미아와 세바스찬이 영화 〈이유 없는 방황〉 보러 간 첫 데이트 장소이자 미아가 1인극을 공연하여 실패를 맛보는 장소는 리알토 극장이다. 1925년에 지어진 이 극장은 고전 영화 재상영관으로 이용되었으나 2007년 문을 닫아서 아쉽게도 내부는 볼 수 없다. 리알토 극장이 있는 패서디나 지역에서는 멀끔하게 차려입은 세바스찬과 미아가 데이트를 하며 건넜던 콜로라도 스트리트 브리지도 있다. 1913년 지어진 높이 46m의 이 다리는 건축 당시 '세계에서 가장 높은 콘크리트 다리'로 이름을 올렸는데,

(위) 〈You are a Star〉 벽화
(아래) 세바스찬이 〈City of Stars〉를 부른 허모사 비치

스파이크 존즈 감독의 〈존 말코비치 되기〉, 찰리 채플린의 〈키드〉 같은 영화 속 배경지로도 등장했다.

세바스찬이 매력적인 저음으로 나지막이 〈City of Stars〉를 부르며 춤을 추던 바닷가는 허모사 비치다. 이곳에는 세바스찬이 "재즈를 싫어한다"고 말하는 미아에게 진정한 재즈를 들려주기 위해 데려가는 더 라이트 하우스 카페도 있다. 1949년에 오픈한 이래 재즈 팬들의 사랑을 받고 있는 이 카페는 재즈만 연주했던 과거와 달리 지금은 다양한 공연이 열리고 있다. 허모사 비치에는 이곳 말고도 라이브 공연이 열리는 카페들이 있는데, 관광객들의 발걸음이 머무는 곳은 단연 더 라이트 하우스 카페다.

미아와 세바스찬이 키스를 나눴던 에인절스 플라이트는 LA 다운타운 중심에 있다. 길이 298피트(90.8.m)로 '세계에서 가장 짧은 철도'로 불리는 이 열차는 안전상의 문제로 여러 차례 운행이 중단되는 수모를 겪었다. 영화 촬영 중에도 운행이 중단된 상태였으나 촬영을 위해 하루 동안만 운행을 재개했다고 한다. 하지만 영화 덕분에 지금은 운행이 재개되었다. 단, 타자마자 내려야 할 정도로 짧은 구간이라 이동 수단이라기보다는 영화의 한 장면을 기억하는 장소로 만족하는 게 좋을 듯하다. _윤영주

© LA Tourism & Convention Board

미아와 세바스찬이
달콤한 키스를 나눴던
에인절스 플라이트

여행 정보

HEY! Get ready!

How to get there

대한항공, 아시아나항공, 유나이티드항공, 델타항공에서 매일 인천-LA 구간 직항편을 운항한다. 소요 시간은 약 11시간이다.

Where to go

● **할리우드 사인**Hollywood Sign : 비치우드 캐년(Beachwood Canyon)의 산 중턱에 세워진 할리우드 사인은 할리우드의 심벌로 잘 알려져 있다. 쇼핑몰 할리우드&하이랜드(Hollywood & Highland Center) 3층은 할리우드 사인이 잘 보이는 곳으로, 사인을 배경으로 기념사진을 찍기에 좋다.

● **맨스 차이니스 시어터**Mann's Chinese Theatre

극장 앞에 약 200명의 배우와 감독들의 손과 발, 사인 프린팅이 땅 위에 새겨져 있다.

ADD. 6925 Hollywood Blvd.

URL. www.manntheatres.com

© LA Tourism & Convention Board

● **에인절스 플라이트**Angels Flight : 벙커힐부터 힐 스트리트까지 연결해주는 열차다. 1901년 처음 개통 당시 주민들은 벙커힐까지 가파른 언덕을 단 1센트로 편리하게 오갈 수 있었다고 한다. 2017년부터 운행이 재개되었다.

ADD. 350 South Grand Ave.

Where to eat

● 더 아이비 The IVY **:** 로버트슨 블루바드를 걷다가 하얀색 펜스 옆으로 긴 줄이 서 있는 레스토랑이다. 버거와 피시 앤드 칩스는 물론 방대한 디저트 메뉴도 놓치지 말 것.

ADD. 113 North Robertson Blvd.

URL. theivyrestaurants.com

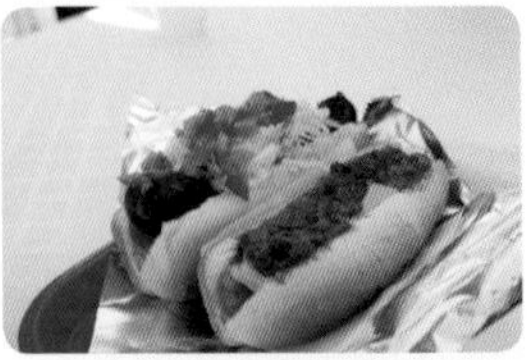

● 핑크스 Pink's **:** 1939년에 오픈한 이래 LA 시민들의 절대적인 지지를 받고 있다. 한 입 베어 물기조차 힘들 정도로 두툼한 핫도그는 1개만 먹어도 속이 든든해진다.

ADD. 709 North La Brea Blvd.

URL. www.pinkshollywood.com

● 스모크 하우스 레스토랑 The Smokehouse Restaurant

워너 브러더스 스튜디오와 가까워 할리우드 배우들이 많이 찾곤 한다. 클래식한 실내에는 시대를 아우르는 배우들의 사진이 빼곡하게 걸려 있다. 대표 메뉴인 스테이크와 식전 빵인 '세계 최고'의 갈릭 치즈 브레드는 반드시 맛보자.

ADD. 4420 W. Lakeside Dr., Burbank

URL. www.smokehouse1946.com

● 그랜드 센트럴 마켓 Grand Central Market

문을 연 지 100년이 넘는 재래시장이다. 영화에서 미아와 세바스찬이 식사하며 이야기를 나누던 레스토랑 사리타스 푸푸세리아(Sarita's Pupuseria)와 에그슬럿, 맥코넬 파인 아이스크림 등 인기 레스토랑이 많다.

ADD. 317 S Broadway URL. www.grandcentralmarket.com

Suggestion Schedule

1 Day

오전 : 로스앤젤레스 국제공항 도착

오후 : 에인절스 플라이트, 그랜드 센트럴 마켓 등 시내 관광

2 Day

오전/오후 : 할리우드 & 베벌리 힐스 관광

밤 : 그리피스 천문대에서 야경 감상

3 Day

오전 : 로버트슨 블루바드, 멜로즈 애비뉴에서 쇼핑

오후 : 산타 모니카 비치 산책 및 허모사 비치까지 드라이브

밤 : 더 라이트 하우스 카페에서 라이브 공연 감상

4 Day

오전/오후 : 디즈니랜드 리조트

또는 유니버설 스튜디오에서 동심으로 돌아가기

5 Day

오전 : 게티 센터 관람

오후 : 워너 브러더스 스튜디오 투어

6 Day

오전 : 리알토 극장, 콜로라도 스트리트 브리지 등 패서디나 관광

오후 : 로스앤젤레스 국제공항 도착 후 한국행 비행기 탑승

7 Day

오전 : 인천 국제공항 도착

〈너의 이름은.〉

도쿄

'도쿄 시티 뷰'에서 본 도쿄 타워와 시내 풍경, 롯폰기

오모테나시의 도시

가보지 못한 사람은 있어도 한 번만 가본 사람은 없을 정도로 도쿄는 한국인에게 친숙한 도시다. 비현실적인 풍광이나 벅찬 감동을 주는 자연이 있는 여행지는 아니지만, 도쿄를 방문해본 이들이라면 손님을 대하는 그곳 사람들의 서비스에 감탄한 적이 있을 것이다.

'극진한 마음으로 손님을 대접한다'는 일본인의 정신은 2020년 올림픽 개최지 선정을 위한 최종 프레젠테이션에서 일본인 아나운서 다키가와 크리스텔이 독특한 제스처와 함께 한 음 한 음 끊어 발음한 '오·모·테·나·시'에 오롯이 담겨 있다. '오모테나시お持て成し'는 접대를 뜻하는 '모테나시持て成し'에 정중함을 표현하는 접두어 '오お'를 붙인 말이다.

출장 반 여행 반, 1년에 대여섯 번은 방문하면서 느낀 도쿄는 항상 손님을 맞이할 준비가 된 도시, 환대받는 즐거움을 알게 해주는 도시다. 골목 구석구석까지 주정차 없이 말끔한 거리, 새하얀 시트에 단정한 제복을 입은 택시 기사, 길을 물으면 말이 통하지 않더라도 가던 길을 멈추고 데려다주는 사람들, 비 오는 날에는 쇼핑한 물건이 젖을까 쇼핑백까지 비닐로 감싸주는 배려심 가득한 점원. 여행지에서는 소소한 마음들이 더 크게 느껴지는 법이라서 더 감탄했는지도 모르지만, 도쿄는 언제나 그랬다. 안타까운 것은 민폐를 끼치는 여행자들이 많다는 사실이다. 로마에 가면 로마법을 따르라는 말이 있듯이 배려의 미덕을 가지고 도쿄를 방문한다면, 그들 몸에 배인 나긋나긋함을 느끼는 여행을 경험할 수 있지 않을까.

타키와 미츠하를 만나다

"삑, 삑", 교통 카드 찍는 소리가 쉼 없이 울리고 분주한 걸음으로 사람들이 바삐 오가는 신주쿠역, 횡단보도 녹색 불이 켜짐과 동시에 쏟아지듯 걸어 나오는 사람들

(위) 〈너의 이름은.〉 엔딩 장면의 배경지인 스가 신사 옆 계단, 요츠야
(아래) 스가 신사 내 에마에 그려진 타키와 미츠하, 요츠야

로 북적이는 시부야 스크램블 교차로, 거대한 시계탑이 하늘을 찌를 듯 뾰족하게 선 도코모 빌딩, 올록볼록 물결치듯 펼쳐진 국립 신미술관, 릴리 프랭키가 소설 『도쿄타워』에서 "그것은 마치 팽이 심지처럼 꼭 한가운데 꽂혀 있다. 도쿄의 중심에. 일본의 중심에. 우리 모두가 가진 동경의 중심에"라고 표현했던 도쿄타워 등 모두 한눈에 알아챌 만큼 익숙한 도쿄가 분명한데, 애니메이션 속 도쿄는 눈부시게 아름다웠다. 신카이 마코토 감독은 '빛의 마술사'라고 불린다는데, 애니메이션 〈너의 이름은.〉을 보는 내내 영화 속 풍경을 쫓아가고 싶었다.

2017년 1월 국내에서 개봉한 〈너의 이름은.〉은 약 365만 명의 관객을 동원하며 국내에서 개봉한 일본 영화 가운데 1위를 차지했다. 아시아 6개국 박스오피스 1위라는 대기록을 넘어 미국에서도 큰 흥행을 기록한 데 힘입어 현재 할리우드판 실사 영화로 제작 중이라고 한다. 그리고 전 세계를 홀린 애니메이션 덕분에 도쿄 곳곳에는 〈너의 이름은.〉 배경지를 순례하는 팬들로 북새통을 이뤘다.

〈너의 이름은.〉 속 많은 장면에 등장하는 신주쿠는 타키로 몸이 바뀐 미츠하가 동경하던 도쿄를 처음 경험하는 장소이기도 하다. 신주쿠 경찰서 뒤편 교차로의 원형 신호등, 서전 테라스와 도코모 빌딩, 열차가 수없이 드나드는 선로와 화려한 전광판이 시선을 빼앗는 유니카 비전까지, 모두 신주쿠가 배경이다. 타키가 아르바이트를 하는 장소로 나오는 고급 이탈리안 레스토랑 'IL GIARDINO DELLE PAROLE'도 신주쿠 공원 부근의 '카페 라보엠'을 모델로 했다. 높은 천장까지 시원하게 창이 난 테라스 자리에서 따사로운 햇살을 느끼며 즐기는 늦은 오후의 파스타 세트는 기대 이상이었고, 클래식한 분위기에서는 완려한 품격이 느껴졌다.

어른이 된 두 사람이 재회하는 엔딩 장면의 배경지인 스가 신사 옆 계단은 요츠야 주택가에 있다. 계단을 올라가는 타키와 내려가는 미츠하가 스치듯 엇갈렸다가 뒤돌아 바라보며 외치는 마지막 대사, "너의 이름은?"이 귓가에 울리는 듯했다. 작품의 핵심 키워드인 '무스비(結び, '잇는다'는 뜻으로 인연, 운명을 말한다)'의 결정체 같은 장소인

(위) 세련된 색감과 모습의 거리 풍경, 긴자
(아래) 일본 최초의 단팥빵집 '기무라야', 긴자

만큼 빨간 손잡이 계단에는 두 사람의 애잔한 감정이, 신사 안 소원을 적는 나무판 '에마'에는 다녀간 팬들의 마음이 함빡 스며 있었다.

통유리 너머로 내려다보이는 도쿄를 한참이고 바라보았다. 맑은 하늘이 어스레한 붉은빛으로 물들었다가 검푸르게 잠기고 건물에서 새어나오는 불빛과 도로 위 자동차들이 내뿜는 불빛에 타오를 때까지. 영화 속에서 타키와 오쿠데라 선배의 데이트 장소이기도 했던 모리 타워 52층 전망대 '도쿄 시티 뷰'에서 내려다보는 빽빽한 건물들 사이로 주인공처럼 반짝이는 도쿄타워는 금방이라도 손에 잡힐 듯했다. 무언가 부족하고 허전한 고요함에서 오는 쓸쓸하고 애잔한 감정을 뜻하는 '와비사비わびさび', 일본 미학의 본질이라고 얘기하는 그 느낌을 극장에서부터 안고 떠났던 도쿄 순례는 하늘에서 본 야경의 잔상처럼 오래도록 잊히질 않았다.

산책하는 즐거움

평소 일과 연관 지어 접근했던 도쿄를 여행자의 시선으로 바라봤을 때, 이 도시의 매력은 무엇일까? 도쿄의 사계절, 아니 1년 열두 달을 모두 경험해보고 느낀 이곳의 매력은 참 걷기 좋은 도시였다. 다시 말해 걸리적거리는 것 없이 기쁘게 걸을 수 있고, 영감을 주는 볼거리가 도처에 산재해 있으며, 맛있는 먹거리가 풍성한 곳이라는 것이다.

'세계 속의 긴자'라는 이름으로 독보적인 고고함을 뽐내는 긴자, 150여 개의 헌책방이 모여 있는 세계 최대의 고서점 거리 진보초, 도쿄 사람들이 살고 싶은 동네 1위로 꼽는 기치조지. 애니메이션의 배경지가 감독이 그려내고 싶었던 도쿄라면, 여기 나열한 세 지역은 나의 보물 같은 도쿄 스팟이다.

도쿄의 근대화를 이끈 긴자에는 옛 도쿄의 모습인 에도의 흔적과 현재를 선도해나가는 최신식 문물이 잘 혼재되어 있다. 1869년 시작된 일본 최초의 단팥빵집 '기

(위) 고서점가에서 중고 책을 고르는 사람들, 진보초
(아래) 이노카시라 온시 공원의 주말 오후 풍경, 기치조지

무라야', 1881년 설립되어 긴자 쇼핑가의 상징으로 손꼽히는 '와코 백화점', 1948년 창업한 이래 융드립 커피(천으로 만든 드립퍼에서 추출한 커피)만을 고집해온 '카페 드 람브르' 등 숫자에서 느껴지는 역사만으로도 엄청난 곳부터 2017년 오픈한 긴자 최대 규모의 초호화 쇼핑몰 '긴자 식스'까지 이지러짐 없이 잘 어우러져 있다.

낡고 오래된 책들이 뿜어내는 퀴퀴한 냄새가 묘하게 빠져들게 하는 진보초는 과거 수많은 지성인이 모이고 머물렀던 곳으로, 레트로한 도쿄의 멋을 한껏 느낄 수 있다. 이 지역에는 절이 180여 개 정도 있었는데, 과거 절이 곧 대학의 역할을 했던 터라 주변에 대학이 많다. 400년 된 화방, 100년 이상 된 헌책방이 있는가 하면 한국 책을 소개하는 책방 '책거리'도 있다. 일본의 셰익스피어라고 불리는 작가 나쓰메 소세키가 앉았던 의자가 있는 화방, 『설국』의 작가 가와바타 야스나리의 단골집이자 무라카미 하루키가 종종 찾는 탱고 카페 '미롱가 누오바' 등 이곳은 책과 연관된 소소한 흔적들로 가득하다.

시간이 천천히 흐르는 듯한 기치조지는 한 번쯤 살아보기를 꿈꾸게 하는 매력적인 동네다. 역에서부터 이어지는 기치조지 시장에는 황실에 납품하는 양갱과 모나카로 유명한 '오자사'를 비롯해 동네 사람들이 추천하는 교자 가게 '밍밍', 언제나 긴 줄이 늘어선 멘치카스 가게 '사토우', 달큰한 불 냄새가 걸음을 멈추게 하는 꼬치구이집 '이세야' 등 맛집이 가득하고, 쇼핑 욕구를 마구 샘솟게 하는 물건들에 구경하기 바빠지는 잡화점이 즐비하다. 시장에서 눈과 배를 채운 뒤 찾은 이노카시라온시 공원은 산책하는 것만으로도 마음을 채웠고, 이 동네의 낭만에 퐁당 빠지게 했다. _이지은

여행 정보

HEY! Get ready!

How to get there

대한항공, 아시아나항공을 비롯해 진에어, 티웨이항공, 제주항공 등 저가 항공사까지 인천-도쿄 나리타, 김포-도쿄 하네다 구간 직항편을 운항하며, 소요 시간은 약 2시간 30분이다.

Where to go

● **스가 신사**須賀神社 **:** 애니메이션 〈너의 이름은.〉의 엔딩 배경지로 요츠야역이나 요츠야산초메역에서 내려 걸어가면 된다. 주택가 안쪽 골목에 위치해 있지만, 방문하는 사람들을 위해 중간에 안내판이 만들어져 있어 어렵지 않게 찾을 수 있다. 신사 옆 빨간 난간 계단이 포토 스팟!

ADD. 東京都新宿区須賀町5番地

● **롯폰기 힐스 모리 타워**六本木ヒルズ森タワー

〈너의 이름은.〉 속 아름다운 뷰를 자랑하는 고층 빌딩이다. 360도 파노라마로 펼쳐지는 도쿄 전망을 감상할 수 있는 '도쿄 시티 뷰'와 함께 다양한 기획 전시를 제공하는 아시아 최대 현대 미술관인 '모리 미술관'도 놓치지 말자. 현지에서도 입장권을 구매할 수 있지만, 대행사를 통해 미리 인터넷으로 구매해 방문하는 편이 저렴하다.

ADD. 東京都港区六本木6-10-1 URL. www.roppongihills.com

● **이노카시라온시 공원**井の頭恩賜公園 : 도쿄 무사시노시와 미타카시 경계에 넓게 자리 잡은 공원으로, 1917년 일본 최초의 교외 공원으로 지정되었다. 이노카시라 연못을 중심으로 동물원, 기타무라세이보 조각관(北村西望彫刻館), 일본식 정원 등이 있다. 벚꽃이 만발하는 4월에는 환상 세계가 펼쳐지니 꼭 한번 방문해보길 권한다.

ADD. 東京都武蔵野市御殿山 1丁目1 8－31 URL. tokyo-park.or.jp

Where to eat

● **오이와케당고혼포**追分だんご本舗 : 신주쿠 산초메역 근처에 있는 300년 전통의 당고집이다. 당고뿐 아니라 일본 떡 모치(もち), 일본식 전통 디저트인 안미츠(あんみつ)와 정식 식사 메뉴까지 무엇을 맛보아도 후회하지 않을 맛집이다. '꽃보다 당고'라는 말이 있을 정도로 당고를 즐기는 일본 사람들처럼 쫄깃한 당고의 참맛을 느껴보길 바란다.

ADD. 東京都新宿区新宿3-1-22 URL. www.oiwakedango.co.jp

● **와타나베소바**渡邊そば : 신주쿠 우체국 근처에 있는 현지인 인기 수타 소바집으로, 현금 결제만 가능하다. 에도 시대 도쿄에서 먹기 시작한 소바는 장수를 기원하며 한 해의 마지막 날에 먹는 음식이기도 하다. 일본에서는 후루룩 소리를 내어 먹는 문화가 있으니, 자신 있게 "후루룩" 한 그릇 맛보길. 곱게 갈아낸 마가 올라간 '야마카케소바(やまかけそば)'는 담백한 일본의 맛을 느낄 수 있다.

ADD. 東京都新宿区西新宿 1 丁目1 2-10

● **카페 라보엠 신주쿠교엔**カフェ ラ・ボエム 新宿御苑

〈너의 이름은.〉에서 타키가 아르바이트하던 이탈리안 레스토랑으로, 카페 라보엠의 여러 지점 중 신주쿠교엔 지점이 배경이 되었다. 영화 속 장면과 비교하며 식사하는 재미는 물론 분위기와 맛도 우수해 느긋하게 즐겨보길 바란다.

ADD. 東京都新宿区新宿1-1-7 コスモ新宿御苑ビル

URL. boheme.jp

● **이세야 공원점**いせや公園店 : 이노카시라온시 공원 초입에 있는 야키토리 전문점이다. 80년 이상 된 맛집으로 기치조지에만 3개의 지점이 있다. 저렴한 가격에 맛있는 야키토리를 즐길 수 있으며 생맥주와 함께 왁자한 분위기를 느낄 수 있다. 포장도 가능하니 공원으로 들어가는 길에 구입하는 것도 좋다.

ADD. 東京都武蔵野市吉祥寺南町 1丁目 15-8

● **만푸쿠**萬福 : 1929년에 개점한 중화 소바 맛집으로, 방송에도 소개된 적 있다. 긴자 중심가에서 멀지 않은 곳에 있는데, 오래된 느낌이 물씬 풍기는 외관부터 하이볼과 맥주 광고 포스터마저도 옛것 그대로다. 중화 소바를 비롯해 교자(만두), 볶음 요리 등을 부담 없는 가격에 즐길 수 있다.

ADD. 東京都中央区銀座 2丁目 1 3-13

● **하트 브레드 안티크 긴자**アンティーク 銀座本店 : 부드러운 패스트리 생지 속에 견과류와 달콤한 초콜릿칩이 듬뿍 들어간 천사의 초코링(天使のチョコリング)이 대표 메뉴인 유명 빵집 안티크의 본점. 빵 모양을 모티브로 한 장식들과 귀여운 캐릭터 그림이 구매 욕구를 마구 상승시키는 마성의 빵집이다. 팥이 가득 들어간 식빵도 추천하고 싶은 메뉴다.

ADD. 東京都中央区銀座3-4-17 OPTICA 1F URL. heart-bread.com

Where to buy

● **긴자 식스**ギンザシックス : 도쿄에서 가장 핫한 쇼핑 랜드 마크로 떠오른 긴자 식스는 거대한 미술관 속으로 들어온 듯한 공간을 선사한다. 3~5층 사이의 중앙 공간을 비워둔 중정에 커다란 설치 작품을 전시하고, 13층에서 연결되는 옥상에는 무료로 개방하는 일본식 정원이 있다. 6층 쓰타야 서점에는 책, 문구류와 함께 쏘아보는 듯한 눈의 소녀 작품으로 유명한 '요시토모 나라'의 인형 등 다양한 오브제도 놓여 있다.

ADD. 東京都中央区銀座6丁目10-1 URL. ginza6.tokyo

Suggestion Schedule

1 Day

오전 : 도쿄 나리타 또는 도쿄 하네다 국제공항 도착

오후 : 신주쿠역, 도코모 빌딩 등 〈너의 이름은.〉 속 신주쿠 탐방

2 Day

오전 : 요츠야역으로 이동 후 스가 신사 방문

오후 : 카페 라보엠, 신주쿠 공원 산책

3 Day

오전/오후 : 국립 신미술관, 미드타운 등 롯폰기 관광

오후/밤 : 모리타워 미술관, 도쿄 시티 뷰

4 Day

오전/오후 : 기치조지로 이동

기치조지 시장, 이노카시라온시 공원

5 Day

오전/오후 : 진보초 고서점 거리

긴자 식스, 긴자 거리 관광 및 쇼핑

6 Day

오전 : 신주쿠 쇼핑

오후 : 인천 국제공항 또는 김포 국제공항 도착

〈섹스 앤 더 시티〉〈비긴 어게인〉

뉴욕

워싱턴 스퀘어 파크

관광지보다 더 매력적인 뉴욕

여행작가라는 직업 때문에 출장 차 다녀온 곳도 있지만, 개인적으로도 많은 도시를 여행했다. 하지만 그중 두 번 이상 방문한 도시는 손에 꼽는 정도다. 여행지에서 거짓말 같은 근사한 풍경이 눈앞에 펼쳐질 때면 '다음에 꼭 다시 와야지'를 자동응답기처럼 되뇌이다가도 막상 여행할 기회가 생기면 새로운 곳에 대한 호기심 때문에 가보지 않았던 곳을 여행지로 결정하게 된다. 그럼에도 불구하고 뉴욕은 몇 번이고 방문했고, 앞으로도 언제고 다시 가고 싶은 도시다. 그 이유가 뭘까 하고 곰곰이 생각해보니, 언제 가도 새로움을 발견할 수 있어서가 아닐까 싶다. 엠파이어 스테이트 빌딩, 자유의 여신상, 박물관 같은 인기 관광지야 붙박이 장롱처럼 항상 그 자리를 지키고 있지만, 하루가 다르게 속속 생기는 새로운 볼거리는 물론 맛집이나 숍 같은 소소한 장소까지, 뉴욕은 박제된 도시가 아닌 끊임없이 변화하는 도시로 여행객들을 반긴다.

뉴욕에서는 평소 좋아했던 영화나 드라마 촬영지를 따라가면 즐거움이 몇 배는 커진다. 왜냐하면 세계 그 어느 도시보다 많은 영화와 드라마가 이곳에서 촬영되었기 때문이다. 〈티파니에서 아침을〉〈킹콩〉 같은 클래식한 영화에서부터 〈해리가 샐리를 만났을 때〉〈러브 어페어〉〈세렌디피티〉〈위대한 유산〉 같은 간질간질한 로맨스 영화, 〈스파이더맨〉〈어벤저스〉 같은 블록버스터까지, 뉴욕은 영화의 단골로 등장하곤 한다.

하지만 뉴욕을 배경으로 한 영화와 드라마의 끝판왕은 〈섹스 앤 더 시티〉가 아닐까 싶다. 처음 뉴욕이라는 도시에 가고 싶었던 생각이 들었던 건 순전히 〈섹스 앤 더 시티〉 때문이었다. 하지만 뉴욕 전체가 촬영지라고 해도 과언이 아닌 드라마의 촬영지를 순례하면서 뉴욕이라는 도시가 가진 매력에 더욱 빠져들었다. 한편 뉴욕행 항공권을 당장에라도 결제하고 싶을 만큼 내 마음을 움직이는 영화는 〈비긴 어게인〉이었다. 댄(마크 러팔로 분)과 그레타(키이라 나이틀리 분)가 밤거리를 걸으며 음악을 들었던 타임스 스퀘어, 음반 녹음을 했던 센트럴 파크는 뉴욕을 대표하는 관광지임을 대뜸 알아볼 수 있었다.

촬영지라고 쓰고 뉴욕 명소라고 읽는다

〈섹스 앤 더 시티〉는 화려한 도시 뉴욕을 배경으로 한 뉴욕 싱글녀들의 이야기를 담은 드라마로, 미국은 물론 전 세계 여성들의 열광적인 지지를 받았다. 1998년에 미국 HBO를 통해 시즌 1이 방영된 게 벌써 20년 전이니 20대나 30대 초반의 젊은이들에게는 〈섹스 앤 더 시티〉가 생소하고 심드렁하겠지만, 30대 중반 이상이라면 〈섹스 앤 더 시티〉를 보면서 '뉴요커'를 동경하고 뉴욕 여행을 열망한 이들이 꽤 많을 것이다. 〈섹스 앤 더 시티〉는 시즌 6까지 방영되며 에미상에 50번, 골든글로브 시상식에 24번 노미네이트됐고, 각각 7번, 8번 상을 받은 그야말로 전설의 드라마다. 2004년 마지막 시즌 최종회는 1,000만 명이 시청했는데, 팬들은 바에 모여 코스모폴리탄 칵테일을 마시며 같이 울고 웃었던 주인공들을 떠나 보내기를 못내 아쉬워했다. 이후 2편의 영화로 제작되기도 했다.

〈섹스 앤 더 시티〉는 방영 내내 여성들에게 패션과 라이프스타일의 바이블로 여겨지며 온갖 신드롬을 낳았다. 4명의 주인공이 브런치를 즐기며 수다를 떨던 카페, 입가에 크림을 잔뜩 묻혀가며 먹었던 컵케이크 가게, 캐리가 강도 당할 때도 이것만은 가져가지 말라고 했던 마놀로 블라닉 구두와 지미추 샌들까지, 일일이 나열하기 힘들 정도다. 무엇보다도 빼놓을 수 없는 건 드라마에 등장했던 브런치 레스토랑 사라베스가 아닐까 싶다. 주말이면 브런치를 먹기 위해 사람들이 구름같이 몰리는 사라베스는 해마다 100만 명이 찾는 뉴욕의 명소로 등극했다. 어퍼 웨스트 사이드에서 잼을 파는 베이커리로 시작한 이래 지금은 어퍼 웨스트 사이드 외에 어퍼 이스트 사이드와 첼시 마켓에도 매장이 있다. 이곳의 에그 베네딕트는 단연 최고다. 주인공들이 수다를 떨며 브런치를 먹던 카페테리아 역시 유명하다. 첼시의 멋쟁이들이 주로 찾는 이곳은 첼시가 유독 게이들이 많이 사는 동네라서 그런지 이곳에서 일하는 종업원들 모두 게이다.

캐리의 집이 있는 그리니치 빌리지

네 주인공의 집은 어디?

인기 칼럼니스트 캐리를 비롯해 PR 매니저 사만다, 변호사 미란다, 미술관 큐레이터 샬럿 등 〈섹스 앤 더 시티〉에는 전문 직업을 가진 뉴욕 독신녀 4인방이 등장한다. 주인공들이 사는 지역은 그들의 직업과 성격이 고스란히 드러난다. 먼저 캐리의 집은 그리니치 빌리지에 있다ADD. 66 Perry St.. 좁은 길 양옆으로 19세기 중반 브라운 스톤으로 지어진 타운하우스가 늘어서 있는 그리니치 빌리지는 20세기 초반 비교적 방값이 저렴해서 『마지막 잎새』의 오 헨리나 『작은 아가씨들』의 루이자 메이 알콧 같은 문인들과 예술인들이 정착하여 살았다. 하지만 2000년대에 들어서 타운하우스의 임대료가 천정부지로 치솟았고(캐리가 사는 집의 월세는 3,000달러였다) 고급 브랜드 매장들이 들어섰지만, 당시의 분위기만은 고스란히 남아 있다. 드라마가 종영된 지 한참이 지났는데도 여전히 캐리의 집을 찾는 발걸음이 이어지고 있다. 주소를 모르고 갔더라도 그

〈비긴 어게인〉에서 그레타가 음반 녹음을 하던 센트럴 파크의 레이크

리니치 빌리지의 어느 집 앞에서 사진을 찍는 이들이 삼삼오오 모여 있다면, 그곳이 캐리의 집일 확률이 높다. 캐리 역의 사라 제시카 파커의 집도 그리니치 빌리지에 있다.

그리니치 빌리지에는 캐리와 미란다가 먹었던 컵케이크 가게 매그놀리아 베이커리가 있다. 캐리의 집에서 불과 5분 거리로, 뉴욕 패션 피플들의 집결지라고 불리는 블리커 스트리트에 자리하고 있다. 매그놀리아 베이커리 맞은편에는 미란다가 책을 사러 갔던 서점 북마크가 있다. 북마크는 마크 제이콥스가 운영하는 서점으로, 20년의 역사를 보유한 바이오그래피 북숍을 인수해 오픈한 곳이다. 고전소설부터 마크 제이콥스가 영감을 얻었다는 아트북은 물론 마크 제이콥스 로고가 새겨진 문구와 티셔츠, 액세서리 등이 있다.

'섹스'에 개방적인 '노는 언니' 사만다의 집은 미트패킹 디스트릭트에 있다. 스타일리시한 레스토랑과 숍이 있어 셀레브리티들이 자주 출몰하는 지역으로, 클럽과 바 등 나이트 스팟도 많이 찾아볼 수 있어 그녀의 캐릭터와 아주 잘 어울린다. 뉴욕에서 가장 힙한 지역인 미트패킹 디스트릭트는 아이러니하게도 과거 250개의 정육점이 있던 곳이었다. 지금은 30여 개의 정육점만 남아 있는데, 세련된 레스토랑과 숍 사이로 덩그러니 있는 정육점이 이질적이면서도 묘한 어울림을 자아낸다. 변호사인 미란다의 집은 전문직이 많이 사는 어퍼 웨스트 사이드에, 미술관 큐레이터인 샬럿의 집은 미술관과 박물관이 밀집한 어퍼 이스트 사이드에 있다.

촬영지 속에서 비긴 어게인

2014년 개봉한 〈비긴 어게인〉은 최근 뉴욕을 가고 싶게 만든 일등 공신이다. 평소 음악 영화를 좋아해서 개봉하자마자 극장으로 달려가서 봤던 영화인데, 다양성 영화임에도 불구하고 한국에서 엄청난 흥행을 했다. 영화 OST도 선풍적인 인기를 끌어서 한동안 카페나 술집에서 〈Lost Star〉를 질리도록 들을 수 있었다.

가장 인상 깊었던 장면인 댄과 그레타가 이어폰을 나눠 끼고 프랭크 시나트라의 〈Luck be a Lady〉를 들으며 걷는 부분이다. 그 장소는 다름 아닌 타임스 스퀘어다. 타임스 스퀘어는 비로소 뉴욕에 왔음이 실감 나는 곳으로, TV나 영화를 통해 수없이 봐왔을 텐데도 그 휘황찬란한 광고판을 보면 감동적이기까지 하다. 브로드웨이 뮤지컬을 볼 수 있는 극장과 레스토랑, 호텔 등이 밀집해 있어 뉴욕을 여행하는 동안 몇 번이고 들르게 되는데, 낮은 물론이고 밤늦은 시간까지 관광객들로 인산인해를 이룬다.

그레타가 음반 녹음을 하는 장면은 워싱턴 스퀘어 파크의 개선문, 센트럴 파크의 베다스다 분수와 레이크 등 여러 장소에서 촬영되었다. 그리니치 빌리지 중심에 있는 워싱턴 스퀘어 파크는 댄과 그의 딸 바이올렛, 그레타가 아이스크림을 먹던 장소로도 나오는데, 정문과 담이 없는 뉴욕 대학교가 근처에 있어 마치 대학교 캠퍼스에 와 있는 듯한 느낌을 준다. 벤치에 앉아 책을 읽거나 열띤 토론을 하는 학생들의 모습도

뮤지션들의 아지트 로어 이스트 사이드

종종 눈에 띈다. 이곳은 영화 〈어거스트 러시〉의 촬영지이기도 한데, 영화처럼 공원 내에서 연주하는 음악가들을 흔히 볼 수 있다.

맨해튼의 4분의 1을 차지하고 있는 센트럴 파크는 뉴요커들의 일상과 떼려야 뗄 수 없는 곳이다. 아침이면 조깅을 하고 볕 좋은 낮에는 일광욕과 산책을 즐기는 센트럴 파크가 계절마다 다른 매력이 느껴진다. 〈해리가 샐리를 만났을 때〉〈세렌디피티〉〈나홀로 집에 2〉〈뉴욕의 가을〉 등 뉴욕을 배경으로 하는 영화에 단골로 나오는데, 〈섹스 앤 더 시티〉에도 수시로 등장한다.

〈비긴 어게인〉 속 레스토랑이나 바, 거리는 대부분 아티스트와 뮤지션들의 아지트인 로어 이스트 사이드에서 촬영되었다. 처음에는 유대인이, 이후로는 라틴계 이주민이 정착했던 이 지역은 오랫동안 낙후됐던 동네였다. 처음 뉴욕을 방문했던 2009년만 해도 할렘까지는 아니었지만, 여자 혼자 길을 걷기에는 다소 무서웠던 기억이 난다. 그런데 몇 년 전 다시 뉴욕을 찾았을 때 로어 이스트 사이드의 확 달라진 모습에 깜짝 놀라고 말았다.

로어 이스트 사이드 곳곳에서 〈비긴 어게인〉 촬영지를 찾아볼 수 있다. 먼저 댄과 그레타가 첫 만남 후 맥주를 마시고 헤어지는 곳은 로어 이스트 사이드의 중심인 에세스 스트리트역이고, 그레타가 〈A step you can't take back〉을 불렀던 클럽이 근처에 있다(클럽 주인의 뜻에 따라 장소는 비공개로 되어 있다).

데이브(애덤 리바인 분)가 그레타에게 자신이 제작한 음반을 들려주던 곳은 로어 이스트 사이드에 있는 한 건물의 계단이고ADD. 121 Norfolk St., 댄과 그레타가 마지막으로 포옹하며 이별한 장소 역시 로어 이스트 사이드에 있다ADD. Suffolk St.. 한편 댄은 자신을 차이나타운의 지저분한 아파트에 산다고 소개하는데, 실제 촬영은 차이나타운과 로어 이스트 사이드 경계에 있는 건물에서 이루어졌다ADD. 102 Allen St.. _윤영주

여행 정보

HEY! Get ready!

How to get there

대한항공과 아시아나항공에서 매일 인천-뉴욕 구간 직항편을 운항한다. 소요 시간은 약 13시간 30분이다. 유나이티드항공, 델타항공, 일본항공, 아메리칸에어라인, 중국국제항공 등에서 경유편을 운항한다.

Where to go

● **브루클린 브리지**Brooklyn Bridge : 맨해튼과 브루클린을 연결하는 3개의 다리 중에 가장 오래된 다리다. 해 질 무렵이면 멋진 일몰을 감상할 수 있다. 2008년 개봉한 영화 〈섹스 앤 더 시티〉에서 이혼 위기에 있던 미란다와 스티브 부부가 브루클린 브리지에서 다시금 사랑을 확인한다.

● **뉴욕 공립 도서관**New York Public Library : 우아한 흰 대리석 건물의 뉴욕 공립 도서관은 영화 〈섹스 앤 더 시티〉에서 캐리와 빅이 결혼식을 하려던 장소다. 도서관에서의 결혼식은 언뜻 상상이 안 될지도 모르겠지만, 2007년 뉴욕 웨딩 매거진에서 '뉴욕 최고의 결혼식 장소'로 꼽힐 만큼 인기 있는 장소다. 5시간 빌리는 비용이 무려 3,000만 원 정도라고 한다. 도서관 내부는 누구나 입장이 가능하다. 뉴욕 공립 도서관 뒤편에는 매년 뉴욕 패션 위크가 열리는 브라이언트 파크가 있다.

ADD. 455 5th Ave. **URL.** www.nypl.org

● **그래머시 극장**Gramercy Theatre : 1937년에 문을 연 500석 규모의 작은 극장으로, 오랜 세월 예술 영화 재개봉관으로 이용되고 있다. 〈비긴 어게인〉에서 가수로 큰 성공을 이룬 데이브가 콘서트를 여는 장소로 나오는데, 진심을 담아 〈Lost Star〉를 부르는 모습을 멀리서 구경하는 그레타의 모습이 인상적이다. 퓨지스의 〈Killing Me Softly with His Song〉 뮤직비디오도 이곳에서 촬영했다.

ADD. 127 E. 23rd St. **URL.** venue.thegramercytheatre.com

Where to eat

● **오닐스**Onieal's : 〈섹스 앤 더 시티〉에서 캐리의 전 남자친구 에이든과 미란다의 전 남자친구 스티븐이 오픈한 바 스카우트(Scout)의 실제 이름은 오닐스다. 이곳에서는 네 주인공이 사랑해 마지않는 칵테일 코스모폴리탄을 마시는 게 정석이다.

ADD. 174 Grand St. **URL.** onieals.com

● **부다칸**Buddakan : 뉴욕에서 인기를 끌고 있는 아시안 레스토랑 중에서도 단연 돋보이는 곳이다. 480평 규모의 실내는 구역에 따라 다르게 꾸며져 있는데, 동양적 요소와 서양적 요소가 조화를 이루고 있다. 계단을 내려가면 영화 〈섹스 앤 더 시티〉에서 캐리와 빅의 결혼 피로연 장면이 촬영된 다이닝 룸이 나온다. 1,000개의 촛불로 장식된 샹들리에가 고풍스러운 멋을 풍긴다.

ADD. 75 9th Ave. **URL.** www.buddakannyc.com

● **바작스 호울스슈 바**Vazac's Horseshoe Bar

서른 종류가 넘는 생맥주와 다양한 병맥주를 파는 펍이다. 〈비긴 어게인〉에서 댄이 사춘기 딸 바이올렛을 만나 어색한 대화를 나누는 장면을 이곳에서 촬영했다. 이스트 빌리지에서 꽤 유명한 이곳에서 영화 〈대부 2〉와 〈크로크다일 던디〉를 촬영하기도 했다.

ADD. 108 Ave. B

● **지탄 카페**Gitane Café : 〈비긴 어게인〉에서 댄이 스튜디오가 아닌 장소에서 녹음하자고 제안했던 카페다. 파란색 차양이 예쁜 곳으로, 차양과 같은 색의 야외 테이블과 의자가 있다.

ADD. 242 Mott St.

URL. www.cafegitanenyc.com

● **실러 리큐어 바**Schiller's Liquor Bar : 이름만 보면 술집 같지만, 브런치로 인기를 끌고 있는 프렌치 레스토랑이다. 〈비긴 어게인〉에서 그레타가 헤어진 옛 애인 데이브를 만났던 장소다. 에세스 스트리트역에서 한 블록 거리에 있다.

ADD. 131 Rivington St.(between Norfolk St. & Suffolk St.)

URL. www.schillersny.com

Suggestion Schedule

1 Day

오전 : 뉴욕 JFK 국제공항 도착

오후 : 타임스 스퀘어, 5번가, 뉴욕 공립 도서관 등 미드타운 관광

밤 : 엠파이어 스테이트 빌딩에서 야경 감상

2 Day

오전 : 첼시 & 그리니치 빌리지

오후 : 미트패킹 디스트릭트

밤 : 브로드웨이 뮤지컬 관람

3 Day

오전 : 소호 & 그리니치 빌리지

오후 : 유니온 스퀘어 & 어퍼 이스트 사이드

4 Day

오전 : 센트럴 파크에서 피크닉

오후 : 어퍼 웨스트 사이드 & 어퍼 이스트 사이드 산책

5 Day

오전 : 브루클린 브리지 건너기

오후 : 덤보 & 윌리엄스버그

6 Day

오전 : 자유의 여신상 관람

오후 : 뉴욕 JFK 국제공항 도착 후 한국행 비행기 탑승

7 Day

오전 : 인천 국제공항 도착

세익스피어&컴퍼니 서점, 프랑스 파리

플리트비체 국립공원 입구에서 본 풍경,
크로아티아 리카세니

연인끼리 부부끼리 ___ 여행

무지갯빛 파라다이스

하와이

하와이 최고의 스노클링 스폿 하나우마베이, 오아후

황홀경의 바다를 품은 넉넉한 휴양지

여행작가라는 이유로 결혼을 앞둔 지인으로부터 허니문 여행지를 추천해달라는 말을 종종 듣곤 한다. '내 맘대로 허니문 여행지' 1위의 주인공은 단연 하와이다.

2008년부터 한국의 미국 비자 면제 프로그램인 ESTA(최대 90일간 비자 없이 관광 및 상용목적에 한해 미국을 방문할 수 있도록 허용한 국가만 발급)가 실행되기 전까지 어떤 이들에게 하와이는 비자라는 난관에 부딪혀 '안' 가는 게 아니라 '못' 가는 곳이기도 했다. 그런데 ESTA 실행 이후 하와이 허니문 수요가 급등했고, 2018년 '가장 인기 있는 허니문 여행지'라는 타이틀을 거머쥐었다.

1년 내내 상쾌하고 화창한 날씨가 이어지고, 바닥이 훤히 보이는 에메랄드빛 바다와 설탕을 뿌려놓은 것만 같은 부드러운 모래사장, 태초의 풍경을 보여주는 자연환경, 하와이 고유의 미식과 선택의 폭이 넓은 쇼핑 스팟까지, 하와이는 오래도록 간직하고 싶은 멋진 추억을 만들기 위한 완벽한 장소라고 할 수 있다.

미국의 50번째 주 하와이는 8개의 큰 섬과 130개의 올망졸망한 섬으로 이루어져 있다. 세 번째로 큰 섬인 오아후는 외국에서 하와이로 갈 때 첫 번째로 대면하는 호놀룰루 국제공항이 있는 곳으로, 하와이 인구의 약 3분의 2가 거주하고 있다. 하루에도 몇 번씩 무지개가 뜨는 하와이는 '무지개섬'으로도 불리는데, 실제로 하와이 공항에 도착할 무렵 비행기 창밖으로 예쁜 무지개를 만날 수 있었다. 운전하면서도 심심치 않게 무지개를 맞닥뜨리곤 했는데, 무지개를 볼 때마다 괜스레 행복해졌다.

하와이 하면 가장 먼저 떠오르는 와이키키 해변에는 럭셔리 호텔과 소문난 맛집 그리고 쇼핑몰이 몰려 있어 오하우에서 사람들이 가장 많이 몰린다. 신혼 여행객이라면 십중팔구는 와이키키 해변에 숙소를 잡는데, 솔직히 말하면 와이키키 해변은 하와이에서 가장 예쁜 바다가 펼쳐지는 곳은 아니다. 다만 사근사근한 파도와 다양한 해양 액티비티를 즐기기에 이보다 더 좋은 곳은 없다.

매력 만점, 동부 해안 드라이브

하와이가 모든 것을 갖춘 완벽한 여행지라고 해도 최대의 볼거리이자 즐길 거리는 바다가 아닐까. 한 가지 색으로 형용할 수 없는 다채로운 색채의 바다를 보는 것만으로도 일상의 뾰족한 감정들이 절로 무뎌지는 것만 같다. 와이키키 시내를 조망할 수 있는 다이아몬드 헤드, 수중 궁궐이 펼쳐지는 하나우마 베이, 바다와 화산석이 만나 오하우에서 가장 장쾌한 경치를 드러내는 할로나 블로홀 등 하와이에는 찬란하게 빛나는 보석이 곳곳에 박혀 있다.

본격적인 드라이브를 떠나기에 앞서 동부 해안 드라이브 코스의 출발점인 다이아몬드 헤드 트레킹을 떠났다. 다이아몬드 헤드 정상까지는 약 40분 정도 걸리는데, 더운 날씨 탓에 이마에 땀이 송골송골 맺혔다. 정상에 오르자, 거대한 분화구(소규모 칼데라 지형)가 한눈에 보이고 태양 빛에 반짝이는 와이키키 해변 일대의 전경이 한눈에 들어왔다. 다이아몬드 헤드라는 이름은 망망대해를 항해하다 육지로 향하면 산이 반짝거리는 것처럼 보인다고 해서 붙여진 이름이라고 전해진다.

하와이 최고의 스노클링 포인트인 하나우마 베이는 오하우에서 가장 감격스러운 바다 빛을 보여주는 곳이다. 주차장에서 하나우마 베이까지 내려가는 계단에서 보는 말굽 모양의 구부러진 백사장과 오묘한 빛깔의 바다가 이제부터 경험할 수중 세계에 대한 기대감을 한층 높여주었다. 1967년부터 해양 공원으로 지정된 하나우마 베이는 허리쯤에서 찰랑거리는 얕은 수심 덕분에 가족 여행지로도 안성맞춤이다. 수경을 쓰고 드디어 수중 탐구 시작! 그 어느 곳보다 아름다운 산호초와 다양한 열대어가 빚어낸 환상적인 물속 풍경이 눈앞에 펼쳐졌다.

(위) 다이아몬드 헤드에서 본 와이키키 풍경, 오아후
(아래) 72번 도로를 따라 가면 만나는 할로나 블로홀, 오아후

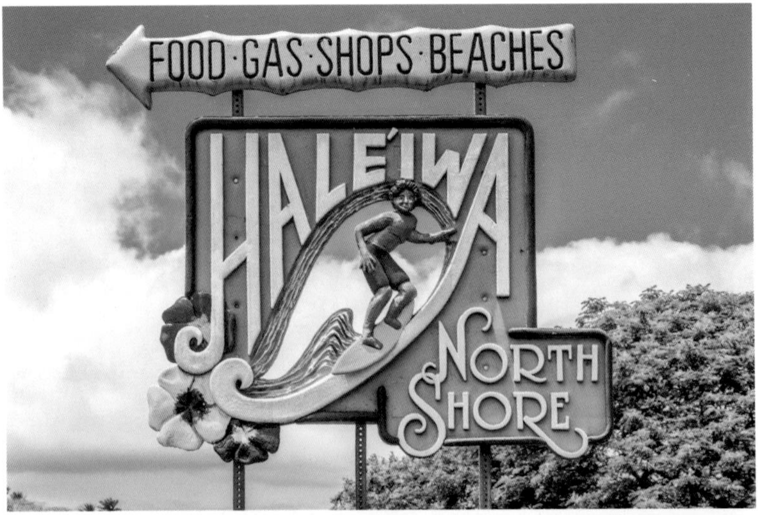

(위) 노스 쇼어의 해안 마을 할레이바 표지판, 오아후
(아래) 새우 트럭의 원조 지오반니, 오아후

두근두근 하와이의 맛

운전대를 돌려 노스 쇼어로 향했다. 노스 쇼어 드라이브 코스는 동부 해안과는 또 다른 빛깔의 바다를 품고 있는 노스 쇼어에서는 하와이 명물 새우 트럭과 무지개색의 빙수 셰이브 아이스, 돌 파인애플 농장의 파인애플 아이스크림 등 유별나고 남다른 먹거리가 기다리고 있었다.

노스 쇼어의 작은 해안 마을 할레이바는 아기자기한 매력을 지닌 마을이다. 세계 최고의 서핑 명소로 꼽히는 노스 쇼어 거리에는 색색으로 칠해진 서핑용품점이 즐비했고, 곱게 간 얼음 위에 무지갯빛 시럽을 뿌려 먹는 셰이브 아이스의 원조이자 할레이바의 명물 마츠모토 셰이브 앞에는 긴 줄이 늘어서 있었다. 솔직히 말해서 셰이브 아이스는 팥, 연유, 아이스크림 같은 토핑을 취향대로 골라 먹는 재미가 있긴 하지만, 맛보다는 시각적인 즐거움이 더 크다. 따라서 궁극의 디저트를 맛보고자 한다면 우리에게 익숙한 브랜드 '돌'에서 운영하는 파인애플 농장 돌 플랜테이션이 그 답이다. 할레이바에서 10분 거리에 있는 돌 플랜테이션은 1년에 100만 명이 넘는 인파가 몰리는 오하우의 인기 관광지로, '파인애플 익스프레스'를 타고 파인애플은 물론 바나나, 사탕수수, 커피, 카카오 같은 다양한 작물 재배지를 둘러볼 수 있다. 농장을 관람한 뒤 파인애플 토핑을 듬뿍 올린 파인애플 아이스크림을 먹는 것은 '선택' 아닌 '필수'다.

시장기가 느껴질 때쯤 하와이식 새우 요리를 맛보기 위해 카후쿠 해안가 주변에 줄지어 있는 푸드트럭으로 향했다. 1993년부터 영업을 시작한 '지오반니'는 원조 새우 트럭으로, '스캄피'라고 불리는 갈릭 슈림프가 가장 인기다. 새우에 버터와 마늘을 넣고 볶아 한국인의 입맛에도 잘 맞는데, 짭짤한 새우와 함께 흰 쌀밥 두 덩이가 나온다. 살이 꽉 차 있는 탱글탱글한 새우를 씹자 새우 자체에서 나는 기분 좋은 단맛이 입안으로 가득 번졌다.

태고의 아름다움, 마우이

하와이 여행을 했다고 하면 으레 오아후섬만 다녀오는 경우가 많다. 여행 기간이 짧다면 오하우만 다녀와야겠지만, 여행 일정이 5일 이상이라면 적어도 오아후의 이웃 섬 한두 군데를 둘러보면서 하와이의 또 다른 매력을 만나보면 좋다. 자연과 도시가 공존하는 곳이 오하우라면, 마우이, 카우아이, 빅아일랜드 같은 이웃 섬은 태고의 자연을 고스란히 품고 있다.

전지적 작가 시점으로 이웃 섬 중 딱 한 곳만 뽑으라면 나의 선택은 마우이다. 마우이는 하와이 제도에서 두 번째로 큰 섬으로 오하우섬에서 남동쪽으로 120km 떨어져 있다. 달 표면을 연상시키는 분화구를 볼 수 있는 할레아칼라산과 세상의 요란한 발전과는 동떨어진 듯한 평화로운 분위기의 마을을 둘러보다 보면 그 선택에 절로 고개가 끄덕여질 것이다.

벅찬 감동을 선사하는 할레아칼라 산의 일출, 마우이

마우이섬에서 가장 높은 할레아칼라산(높이 3,058m)은 세계에서 가장 규모가 큰 휴화산이다. 1980년에 유네스코 지구 생태계 보존 지역으로 지정되었는데, 할레아칼라산의 일출은 마우이 최대의 이벤트다. 일출을 보기 위해서는 반드시 방문 60일 전에 온라인(www.nps.gov)으로 예약해야 한다. 새벽 3시에 일어나 캄캄한 어둠을 뚫고 1시간 30여 분을 달려 꼬불꼬불한 헤어핀 커브(180도 정도로 구부러진 U자형 급커브)의 산길을 오르자, 산 정상에는 이미 사람들로 발 디딜 틈이 없었다. 얼마간의 기다림 끝에 발 아래로 몽글몽글 형성된 구름을 뚫고 벌건 해가 솟아올랐다. 할레아칼라산의 크고 작은 화구들은 다른 화산과 다르게 아래쪽으로 뚫려 있어 정상에서 내려다볼 수 있었다. 오래전 벌건 용암을 토해내듯이 분출했을 모습을 떠올리자 순간 아찔해졌다.

할레아칼라산에서 일출을 보고 예쁜 색으로 칠해진 파스텔 톤의 건물이 즐비한 파이아에서 아침 식사를 마친 뒤 로드 투 하나로 드라이브를 떠났다. 1970년대 미국 서부 마을을 재현해놓은 듯한 파이아에서 시작해 하나까지 이어지는 길을 '로드 투 하나'라고 한다. 수백 개의 꼬불꼬불한 커브가 이어져 있는 360번 고속도로를 따라 자연의 속살을 그대로 드러낸 여정은 각별했다. _윤영주

마우이의 자연 속으로 떠나는
로드 투 하나, 마우이

여행 정보

HEY!

Get ready!

How to get there

대한항공과 아시아나항공, 하와이안항공에서 인천-호놀룰루 구간 직항편을 운항하고 있다. 소요 시간은 약 8시간이다.

to do for Honeymoon in Hawaii

● 렌터카 타고 섬 일주하기

빨간색 컨버터블 차를 타고 시원한 바람을 맞으며 끝도 없이 이어지는 바닷길을 달리는 건 하와이 허니문의 로망 중 하나가 아닐 듯싶다. 하와이에서는 국제 면허증을 발급받지 않고 한국 면허증만 소지해도 렌터카를 이용할 수 있다. 더구나 도로가 그다지 복잡하지 않아 운전하기에 부담이 없다. 단, 와이키키 해변 인근은 항상 많은 차량이 몰려 교통 체증이 심하므로 각별히 안전에 유의해야 한다.

하와이에서는 차 안에 귀중품을 두고 내리는 일을 삼가야 한다. 차량의 유리창을 깨고 물건을 훔쳐 가는 일이 빈번하기 때문이다. 특히 알라모아나 센터나 와이켈레 프리미엄 아울렛 같은 쇼핑지에서는 각별한 주의가 필요하다.

컨버터블 차량은 주행 중에 루프 작동이 되지 않는다. 주행 중에 햇볕이 너무 뜨겁거나 비가 온다는 이유로 루프를 닫으려고 할 때 루프가 작동되지 않아서 당황할 수 있는데, 차를 세울 수 있는 곳에 정차한 뒤 루프를 조정하도록 한다.

렌터카 예약은 현지에서 바로 이용하는 것보다 출발 전 렌터카 사이트를 통해 예약하는 게 더 저렴하다. 컨버터블 차량의 경우 허니문 시즌인 3~5월이나 9~11월에는 일반 차량보다 수요가 많아 예약을 서둘러야 한다. 최소한 한두 달 전에는 예약하는 게 좋다. 현지에서 컨버터블 차량을 인수받은 뒤에는 직원에서 루프 작동법을 물어보고 숙지할 것을 잊지 말자.

허츠렌터카 www.hertz.co.kr

●허니문 스냅 촬영하기

이국적인 풍경을 배경으로 둘만의 특별한 순간을 간직하기 위한 허니문 스냅이 대세다. 하와이는 허니문 스냅의 본고장이라고 할 수 있다. 허니문 스냅을 신청하면 전문 사진작가와 함께 와이키키 해변과 시내를 1시간 정도 돌며 사진 촬영을 한다. 세미 정장이나 캐주얼한 분위기의 커플룩을 미리 준비해 가거나 현지에서 하와이안 프린트의 티셔츠를 사는 것도 좋은 방법이다.

Where to go

●진주만 Pearl Harbor : 1941년 12월 7일, 2차 세계 대전 당시 일본군의 공습을 받은 장소다. 당시의 기습 폭격으로 12척의 함정이 격침되었으며, 침몰한 전함 애리조나에는 탈출하지 못하고 수장된 1,177명의 주검이 아직 남아 있다. 이 선체를 딛고 건립된 전사자 추모관에는 진주만 공습의 상황이 전시되어 있다.

ADD. Pearl Harbor, Honolulu URL. www.pearlharborhistorics.org

●이아오 밸리 주립공원 Iao Valley State Park

마우이에 인기 스팟으로 바늘을 연상시키는 높이 365m의 이아오 니들(Iao Needle)을 볼 수 있다. 뾰족한 산봉우리 이아오 니들을 배경으로 기념사진을 찍고, 부담 없는 트레킹 코스를 걸어보자. 하와이의 다양한 열대식물을 관찰하는 것도 재미있다.

ADD. 54 S High St, Wailuku

Where to eat

●로이스 Roy's : 하와이 입성 기념 또는 마지막 날 로맨틱한 디너를 하기 좋은 파인 다이닝이다. 동양과 서양의 요리법을 접목한 퍼시픽 림(Pacific Rim) 요리로 명성이 자자하며, 스테이크, 생선, 새우나 조개 같은 해산물 요리를 맛볼 수 있다. 와이키키 해변을 비롯해 여러 곳에 지점이 있는데, 특히 카아나팔리 리조트(Kaanapali Resort)에 있는 마우이 매장에서는 탁 트인 해변을 내려다보며 식사를 즐길 수 있다.

ADD. 호놀룰루 Next to Embassy Suites, 226 Lewers St. 마우이 2290 Kaanapali Pkwy, Lahaina

URL. www.royyamaguchi.com

Where to buy

● **와이켈레 프리미엄 아웃렛**Waikele Premium Outlet

호놀룰루에서 30분 거리 있는 대형 아울렛이다. 토리버치, 투미, 마이클 코어스, 아르마니 익스체인지 등 50여 개의 브랜드를 25~70% 할인된 가격에 만날 수 있다. 와이키키 호텔에서 아울렛까지 셔틀버스가 수시로 운행된다.

ADD. 94-790 Lumiaina St., Waipahu URL. www.premiumoutlets.com/outlet/waikele

● **알라모아나 센터**Ala Moana Center : 20만 제곱미터 규모의 하와이를 대표하는 쇼핑몰이다. 340여 개 매장과 메이시스, 블루밍데일스, 노드스트롬 등 4개의 백화점이 들어서 있다. 갭, 에버크롬비 & 피치, 바나나 리퍼블릭 같은 미국 브랜드를 한국보다 저렴한 가격에 살 수 있어 매력적이다. 하와이 로컬 브랜드인 토리 리처드(Tori Richard)에서 예쁜 색감의 알로아 셔츠를 구입해보자.

ADD. 1450 Ala Moana Boulevard, Honolulu URL. www.AlaMoanaCenter.kr

Where to stay

● **아웃리거 리프 온 더 비치 리조트**Outrigger Reef Waikiki Beach Resort

와이키키 비치의 시작점에 있는 고급 리조트다. 총 639개의 객실을 갖추고 있다. 전망에 따라 오션 타워, 퍼시픽 타워, 다이아몬드 헤드 타워로 구성되어 있다. 탁 트인 오션뷰가 펼쳐지는 보이저 47클럽 객실에서는 와이키키 해변의 풍경을 제대로 만끽할 수 있다.

ADD. 2169 Kalia Rd., Honolulu URL. www.outriggerreef-onthebeach.com

● **페어몬트 케아 라니 마우이 리조트**Fairmont Kea Lani Maui

마우이에서도 아름답기로 손꼽히는 와일리아(Wailea)에 있는 리조트다. 하와이에서 유일하게 전 객실이 스위트룸으로 되어 있다. 리조트 곳곳에서 이국적인 열대 분위기가 물씬 풍긴다. 싱그러운 정원 안에 조성된 메인 풀과 다양한 해양 스포츠를 즐길 수 있는 프라이빗 비치 등을 갖추고 있다.

ADD. 4100 Wailea Alanui Dr., Wailea, Maui URL. www.fairmont.com/kea-lani-maui

Suggestion Schedule

1 Day

오전 : 호놀룰루 국제공항 도착 후 마우이 국내선으로 환승

오후 : 마우이 공항 도착

라하니아 둘러보기, 프론트 스트리트에서 일몰 감상

2 Day

오전 : 할레아칼라 국립공원에서 일출 감상 후 키파훌루 관광

오후 : 로드 투 하나 드라이브

3 Day

오전 : 이아오 밸리 하이킹

오후 : 마우이 공항으로 이동 국내선 탑승

호놀룰루 국제공항 도착 후 월마트에서 스노클링 장비 구입

4 Day

오전 : 하나우마 베이에서 스노클링

오후 : 알라모아나 센터에서 쇼핑 삼매경

밤 : 더 반얀 베란다에서 블루하와이 맛보기

5 Day

오전 : 다이아몬드 헤드 전망대 오르기

오후 : 다이아몬드 헤드부터 카일루아 비치까지 동부 해안 드라이브

6 Day

오전 : 노스 쇼어 드라이브 및 새우 트럭에서 새우 요리 맛보기

오후 : 와이키키 비치에서 해수욕 및 일몰 감상

7 Day

오전 : 호놀룰루 국제공항으로 이동 후 한국행 비행기 탑승

8 Day

오후 : 인천 국제공항 도착

낭만이 번지는 아드리아해의 보석

크로아티아

두브로브니크 성벽 바깥쪽에서 해수욕을 즐기는 사람들, 두브로브니크

함께라서 더 특별한 그곳

자그레브 터미널에 도착했다. 버스에서 내리자 갑자기 낯선 나라에 떨어져 헤매는 이방인이 된 듯한 막연함이 몰려왔다. 낯선 언어와 시간과 공기, 그리고 사람들. 서먹한 이질감을 줄여보려고 맥도날드로 들어갔다. 익숙한 그곳에서 잠시 앉아 숨을 고른 뒤 파란색 트램이 늦은 오후의 햇살에 반짝이는 반 옐라치치 광장에 섰다. "아, 예쁘다"라는 말이 절로 나왔다. 도쿄나 뉴욕, 런던 같은 으리으리한 수도에 익숙한 나에게 자그레브는 한 나라의 수도라기보다는 작은 마을처럼 다가왔다.

최근 몇 년 사이 드라마와 예능 프로그램을 통해 크로아티아가 '핫'한 여행지로 떠오르고 있다. 예능 프로그램 〈꽃보다 누나〉에서 많은 여성의 가슴을 일렁이게 만들었고, 미국 드라마 〈왕좌의 게임〉이 낳은 수많은 덕후는 이곳을 제1 성지로 꼽았다. 오래전부터 유럽인들에게 '꿈의 여행지'라 불리고 전 세계 허니무너들이 사랑해온 곳, '아드리아해의 보석'이라 불리는 크로아티아에 본격적으로 발을 내디뎠다.

크로아티아는 대중교통이 잘 정비되어 있지 않아 접근하기 쉽지 않은 곳이 많은 반면, 도로가 잘 뚫려 있고 차량이 많지 않아 운전해서 돌아보는 편이 더 좋다. 남북으로 길게 뻗은 해안 드라이브 코스는 로맨틱 가득한 추억을 안겨주기에 충분하다. 크로아티아는 아드리아 해와 맞닿아 있어 어디서든 쉽게 바다를 볼 수 있다. 해안을 따라 길게 조성된 산책로를 '리바'라고 부르는데, 크로아티아 어디에나 리바 거리가 있다. 흐바르섬까지 가는 뱃시간을 기다리며 걸었던 스플리트 리바에는 커다란 비눗방울을 터뜨리며 까르르 거리는 어여쁜 두 소녀가 있었고, 일몰을 보러 나간 자다르 리바에는 알록달록 조명이 변하는 바닥에 누워 셀카봉을 들고 깔깔대며 사진을 찍는 학생들이 있었다. 뱃일을 마치고 돌아오는 어부, 해수욕을 즐기는 소년들, 강아지와 산책 나온 아저씨, 다정히 포옹하며 지는 해를 바라보는 노부부, 맥주병을 맞대고 속삭이는 연인들. 시시각각 변하는 해 질 녘 태양 빛과 바다가 매일 펼쳐지는 크로아티아에서 리바는 그들의 삶의 터전이었다.

(위) 플리트비체 국립공원의 에메랄드빛 호수, 리카세니
(아래) 민트색 외관의 레스토랑 몬도, 모토분

동심이 살아나는 곳

김창완이 DJ를 맡고 있는 〈아름다운 이 아침 김창완입니다〉 중 '짱구는 못말려'라는 코너가 있다. 아이들과 생활하면서 생기는 에피소드를 애니메이션 속 주인공 짱구와 짱아로 부르며 소개하는 코너다. 당돌한 아이들의 표현이 어찌나 신기하고 재미있는지 애청하곤 한다. 어쩌면 우리 어른들에겐 눈치 보지 않고 감정 그대로를 표현할 수 있었던 그때로 돌아가고 싶은 순간이 있을 것이다. 영화 〈아바타〉 속 판도라 행성의 모티브가 된 플리트비체 국립공원, 일본 애니메이션 〈천공의 성 라퓨타〉 속 하늘에 떠 있는 마을의 모티브가 된 모토분은 바로 그런 동심을 이끌어내는 장소였다.

플리트비체 국립공원은 남동부 유럽에서 가장 오래된 공원이다. 1949년 크로아티아 최대의 국립공원으로 지정되었고, 1979년에는 유네스코 세계자연유산에 등재되었다. 6월에 찾은 플리트비체는 뜨거운 햇살에 반사되어 반짝이는 에메랄드빛 호수와 짙푸른 녹음으로 빽빽하게 채워진 숲이 나의 온몸을 휘감았다. 바닥까지 훤히 보이는 호수에는 팔뚝만 한 송어 떼가 그대로 모습을 드러냈고, 평화롭게 유유자적 노니는 오리 떼들의 모습에 '천국은 이런 모습일까' 하는 착각마저 들었다. 기온이 30도를 오르내리는 더위 속에서 그 소리만으로도 절로 시원해지는 물소리는 자연의 위대함 앞에 그저 감사한 마음을 가지게 해주었다. 자연을 보전하기 위해 공원 내부의 인도교, 쓰레기통, 안내 표지판 등을 나무로 만들었다는 얘기를 듣고 이 아름다운 자연은 10년, 20년 뒤에도 그대로겠구나 하고 안도감이 들었다.

모토분은 산꼭대기에 위치하고 있어 '공중 도시'라고 불린다. 산꼭대기라는 말에서 느껴지듯이 모토분은 정말 작정하지 않고는 찾아갈 수 없는 곳이다. 위치상 크로아티아의 북서부 외진 곳에 있기도 하고, 대중교통으로는 접근이 거의 불가능한 곳이다. 이런 악조건 속에서도 이 마을을 찾게 만든 이유는 미야자키 하야오 감독의 애니메이션 〈천공의 성 라퓨타〉였다. 또 모토분에 있는 레스토랑 몬도를 두고 뉴욕타임스는 "어쩌면 당신이 평생 갈 수 없을지도 모르는 최고의 레스토랑 중 하나"라고까지 했으니, 안 갈 이유가 없었다. 이 모든 불편함을 감수하고서 만나는 모토분은 '세계 3대 진미' '땅속의 다이아몬드'로 불리는 극강의 고급 식재료인 트뤼프(트러플)의 최대 산지다. 조용하고 아름다운 마을 길을 따라 걷다 보면, 트뤼프 오일 등을 파는 상점을 비롯해 트뤼프 요리로 유명한 레스토랑 몬도를 찾을 수 있다. 예쁜 민트색 문을 열고 들어가자 아늑한 공간이 나왔다. 벽면을 장식한 오래된 사진에서는 세월을 느낄 수 있었다. 얇게 슬라이스한 트뤼프가 올려진 요리는 색을 최대한 배제하고 있어 오로지 코와 입의 감각에만 집중하게 했다. 미각과 후각을 환기시키는 트뤼프의 신비한 향은 미각을 한 단계 더 확장시키는 듯했고, 오묘하게 중독적인 트뤼프 맛에 반해 트뤼프 오일과 저민 트뤼프를 한가득 샀다.

달콤하게 취하는 섬

호바르는 1,000개가 넘는 섬이 있는 크로아티아에서 가장 인기 있는 섬으로, 베네치아의 지배를 받던 시절에 만든 대리석 계단이나 건물이 그대로 남아 있다. 과거 황제나 군주들이 휴식을 위해 찾았던 곳이기도 하는데, 톰 크루즈와 빌 게이츠도 다녀갔을 정도로 여전히 휴양지로 사랑받고 있다. 흐바르에서는 꼭 봐야 할 것도, 꼭 해야 할 것도 없다. 광장 테라스에 앉아 차를 마셔도 좋고, 해수욕을 즐겨도 좋고, 언덕 위 요새를 올라 전경을 감상해도 좋고, 골목골목 예쁜 가게를 구경하거나 멍하니 바다를 바라봐도 좋다. 그저 자신의 리듬에 내맡기고 즐기면 된다. 그래도 이곳에서 딱 한 곳만은 가봐야 한다면 바로 카페 노니카다. 느긋하게 아침을 먹어볼까 하고 골목 여기저기를 살피다 우연히 들어간 카페인데, 케이크가 너무 맛있어서 깜짝 놀랐다. 알고 보니 흐바르의 유명 맛집으로, 할머니의 레시피를 토대로 만든 케이크 전문점이었다. 게다가 달콤한 케이크만큼이나 달콤한 시간을 보낼 수 있는 곳이기도 하다.

느긋하고 여유로운 흐바르에 어둠이 내리고 불빛이 하나둘 켜지면 '유럽에서

(위) 케이크로 유명한 카페 노니카, 흐바르
(아래) 밤새도록 달콤하게 취하는 클럽의 밤, 흐바르

가장 놀기 좋은 클럽 도시'로 선정된 흐바르의 진면모가 드러난다. 레스토랑이건 클럽이건 도시 곳곳에서 음악 소리가 커지고, 사람들은 음악에 맞춰 자연스레 그루브를 탔다. 별이 쏟아지는 밤을 보낼 수 있다는 말 한마디에 크로아티아 여행 중 흐바르에 꼭 가보리라 다짐했다. 쏟아지는 별을 맞는 섬이라니, 그 얼마나 로맨틱한가? 하지만 나에게 흐바르의 밤은 흥에 취해 홀짝이던 술기운과 밤새도록 울려대던 클럽의 음악 소리, 한 옥타브 이상 올라간 사람들의 목소리 덕분에 밤새 머릿속에 별이 쏟아지는 곳이었다. 사랑하는 이와 밤새 달달하게 취할 수 있다면, 그것도 행복이라 할 수 있으리라.

사연을 쌓은 성벽

오후 늦게 스플리트를 출발해 두브로브니크로 향했다. 해안 도로와 산악 도로를 넘나들며 가는 길은 도중에 만난 비 덕분에 환상적인 풍경을 만들어냈다. 한 차례 퍼붓는 소나기 뒤에 고요한 검은 공기를 뚫고 나타난 일몰의 바다는 신선이 배를 띄워 지나갈 것처럼 몽환적이었다. 연신 감탄사를 내뱉으며 차를 몇 번이나 세우고 카메라를 들고 뛰어나갔는지 모르겠다. 보스니아 국경을 넘고 두브로브니크에 도착해 잠드는 순간까지 다른 차원의 세상으로 넘어온 듯한 기분에 가슴이 벅차올랐다. 영국의 극작가 조지 버나드 쇼가 "진정한 낙원"으로 칭송한 두브로브니크는 그렇게 드라마틱하게 다가왔다.

이토록 완벽한 구시가를 가진 도시가 또 있을까? '아드리아해의 진주'로 불리는 두브로브니크는 그 자체로 반짝반짝 빛나는 보물 같은 곳이다. 관광이 주 수입원인 크로아티아에서도 가장 많은 사람들이 찾는 두브로브니크는 세월을 초월한 아름다움을 뿜어내는 오래된 성곽 도시다. 두브로브니크의 성 안으로 한 발짝 내밀면, 대항해 시대의 '라구사(두브로브니크의 옛 이름)'로 타임머신을 타고 온 듯한 느낌이 절로 들 만큼 중세의 모습이 눈앞에 펼쳐진다. 미드 〈왕좌의 게임〉과 영화 〈스타워즈〉가 왜 이곳

타임머신을 타고 중세로 온 듯한 구시가지 풍경, 두브로브니크

로브리예나츠 요새에서 본 두브로브니크 성벽과 구시가지, 두브로브니크

을 배경으로 삼았는지 금세 공감이 된다. 세월의 흔적으로 반질반질해진 석회석 보도, 좁디좁은 골목과 돌로 만들어진 비탈길, 회색빛 외벽과 군데군데 박힌 총과 포탄의 흔적은 금방이라도 중세의 무역상과 칼을 찬 기사들을 소환할 것만 같았다.

구시가지 서쪽 입구인 필레 게이트 옆 계단을 따라 성벽에 오르면, 마침내 두브로브니크의 하이라이트인 성벽 투어가 시작된다. 탁 트인 시야로 사파이어 빛을 닮은 새파란 아드리아해와 쨍한 햇살을 받아 반짝이는 수십 개의 붉은 지붕이 펼쳐졌다. 로브리예나츠 요새, 스르지산, 로크룸섬, 그리고 성벽을 걷는 동안 두브로브니크의 구시가가 360도 파노라마로 눈에 담기는 감동이 바로 성벽 투어의 묘미다. 사실 어디보다 튼튼하고 견고한 성벽을 쌓고 지켜온 배경에는 수많은 전쟁과 내전의 아픔이 숨어 있다. 2018년 러시아 월드컵에서 준우승을 차지하고 월드컵 골든볼(최우수선수상)을 수상한 루카 모드리치 선수는 "크로아티아의 기적을 이해하려면 전쟁의 상처를 알아야 한다"고 했다. 선수들 모두 전쟁을 겪었고, 도시의 고고함을 지켜내기 위해 유고 내전 당시 유럽의 지성인들은 폭격을 막으려고 성곽 앞에 배를 띄우고 인간 방어벽을 만들기도 했다. 중세 유럽의 서민 주거 건축 양식을 지키고 사랑해온 이곳은 여러 번의 공습에도 시민들이 자발적으로 주머니를 열어 재건한 도시이기도 하다.

슬픈 역사의 아련함과 아름다움이 공존하는 속에서 느긋한 시간성과 분위기를 잃지 않는 도시, 두브로브니크는 눈을 감아도 그릴 수 있을 만큼 봐도 봐도 자꾸만 고개를 돌려 또 보고 싶어지는 그런 곳이다. _이지은

여행 정보

HEY! Get ready!

How to get there

대한항공이 동절기를 제외하고 인천-자그레브 구간 직항편을 운항한다. 소요 시간은 약 11시간 30분이다. 네덜란드항공, 독일항공, 러시아항공, 오스트리아항공, 에어프랑스항공, 카타르항공, 터키항공 등에서 경유편을 운항한다.

Where to go

●**플리트비체 국립공원**Plitvička jezera : 크로아티아어로 '얕은 호수'라는 의미의 플리트비체는 총 16개의 계단식 호수와 그 호수들 사이를 잇는 90여 개의 폭포로 구성된 장소로, 가장 깊은 호수는 수심이 25m에 이른다. 난이도와 소요 시간에 따라 총 7가지의 하이킹 코스가 있다. 물속 유기물과 미네랄이 작용해 만들어낸 옅은 에메랄드빛 호수는 '요정의 숲'이라는 별명이 아깝지 않을 정도로 아름답고 신비롭다.

ADD. 53231, Plitvička Jezera, Croatia URL. np-plitvicka-jezera.hr

●**두브로브니크 성벽**Dubrovnik City Walls : 두브로브니크 구시가를 사방으로 네모지게 둘러싸고 있는 약 2.2km 길이의 성벽으로, 1979년 유네스코 세계문화유산으로 지정되었다. 아드리아해의 짙푸른 바다와 주황색 지붕이 내려다보이는 장관은 성벽 투어 내내 감탄을 자아내게 한다. 플로체게이트와 필레게

이트 시작점을 기준으로 1시간 30분 정도 소요되며, 그늘이 없으므로 선글라스와 선크림, 생수는 꼭 준비하는 것이 좋다. 성벽 투어 티켓으로 미드 〈왕좌의 게임〉 속 7왕국의 수도인 킹스랜딩의 촬영지 '로브리예나츠 요새'의 입장도 가능하니 함께 방문해보길 권한다.

URL. citywallsdubrovnik.hr

●**바다 오르간**Moske Orgulje,The Sea Organ **& 태양의 인사**Pozdrav Suncu,Greetings to the sun

바다로 향하는 돌계단에 구멍을 뚫어 만든 '바다 오르간'은 건축가 니콜라 바시치가 2005년에 만든 세계 최초의 파이프 오르간이다. 바다를 마주하고 있는 보도에 설치된 75m 길이의 35개 파이프에서 파도의 밀물과 썰물을 이용하여 소리가 나는 원리인데, 파도의 크기에 따라 소리가 달라진다.

바다 오르간 옆 바닥에는 태양열 전지판과 발광다이오드(LED)를 조합한 지름 22m의 원형 설치 작품 '태양의 인사'가 있다. 낮 시간 동안 태양광을 모아두었다가 밤이 되면 현란한 조명 쇼가 펼쳐진다. 유명 영화감독인 알프레드 히치콕이 "세계에서 일몰이 가장 아름다운 도시"라고 극찬한 자다르는 건축가 니콜라 바시치의 대중을 위한 공공미술 작품 '바다 오르간'과 '태양의 인사'로 매일 밤 세계에서 가장 특별한 바다 풍경을 선사한다.

ADD. Istarska obala, 23000, Zadar, Croatia

Where to eat

●**부자 바**Beach Bar Buža : 부자(Buža)는 구멍이라는 뜻인데, 성벽에 구멍을 뚫고 들어가 절벽에 바를 만들어서 붙여진 이름이다. 구글맵이 근처까지만 안내하고 있어 골목에서 간판이 보이면 따라 들어가면 된다. 술과 음료와 함께 환상적인 뷰를 제공하고 있어 비싼 가격에도 언제나 붐비는 곳이다. 다이빙과 수영도 가능하므로 수영복을 준비해 가기를 권한다.

ADD. Crijevićeva ul, 9, 20000, Dubrovnik, Croatia

● **코도바 몬도**Konoba Mondo : 뉴욕타임스에서 "어쩌면 당신이 평생 가보지 못할 최고의 레스토랑"이라고 평가한 레스토랑으로, 합리적인 가격으로 트뤼프가 통째로 슬라이스되어 올라간 요리를 맛볼 수 있다. 탈리아텔레(널찍한 면)으로 만든 크림 파스타에 생 블랙 트뤼프를 갈아 올려준 파스타 메뉴인 'Tagliatele Pasta with Black Truffle'은 크로아티아의 오지 같은 모토분을 방문하게 할 충분한 이유다.

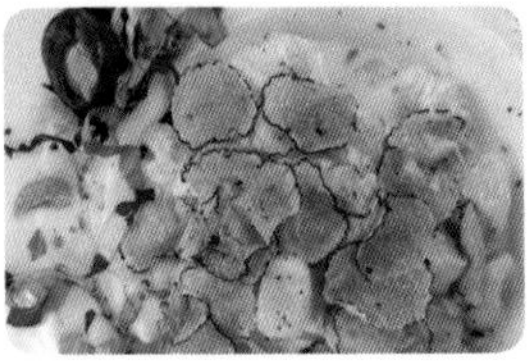

ADD. Barbican 1, 52424, Motovun, Istra, Croatia

URL. konoba-mondo.com

● **노니카**Nonica Caffe Bar : 흐바르섬에서 재배된 무농약 과일로 만든 잼과 할머니의 레시피를 토대로 한 디저트를 맛볼 수 있는 곳이다. 싱싱한 다과를 제공하기 위해 최고 품질의 달콤한 재료만을 고집한다. 겨울철에는 영업하지 않으며, 현금 결제만 가능하다. 흐바르섬을 방문한다면 꼭 가보라고 권하고 싶은 곳이다.

ADD. Kroz Burak 23, 21450, Hvar, Croatia

URL. nonica.com.hr

Suggestion Schedule

1 Day

오후 : 자그레브 국제공항 도착

오후/밤 : 반 옐라치치 광장, 자그레브 대성당 등 자그레브 시내 관광

2 Day

오전/오후 : 차량 렌트 후 플리트비체 국립공원 트레킹

오후/밤 : 자다르 바다 오르간, 태양의 인사

3 Day

오전/오후 : 모토분, 레스토랑 몬도

오후/밤 : 로빈으로 이동, 해변에서 로빈 일몰 감상

4 Day

오전 : 스플리트에서 유람선으로 갈아타고 흐바르로 이동

오후 : 흐바르에서 물놀이 등 해양 스포츠 즐기기

밤 : 흐바르 클럽

5 Day

종일 : 흐바르 즐기기

6 Day

오전 : 유람선으로 스플리트로 이동 후 스플리트 시내 관광

오후 : 두브로브니크로 이동

7 Day

오전 : 두브로브니크 성벽 투어

오후 : 로브리예나츠 요새

8 Day

오전 : 두브로브니크 국제공항에서 빈·이스탄불·터키 등

한국행 비행기가 있는 공항으로 이동

밤 : 한국행 비행기 탑승

9 Day

오후 : 인천 국제공항 도착

에메랄드빛 바다와 찬란한 문명

칸쿤 & 멕시코시티

카리브해를 품은 천혜의 휴양지, 칸쿤

정제된 풍경의 넉넉한 휴양지

칸쿤은 그야말로 핫한 허니문 여행지다. 최근에 결혼한 주변 사람에게 허니문 여행지를 물으면 최소 셋 중 하나는 "칸쿤"이라고 대답한다. 카리브해의 눈부신 바다와 22km에 이르는 설탕 같은 모래 해변, 그리고 해변을 메우듯이 지어진 200여 개의 호텔과 리조트가 있는 칸쿤은 비단 신혼 여행객에게만 꿈의 휴양지로 불리는 것은 아니다. 매년 400만 명이 넘는 관광객이 이곳을 찾는데, 이 중 외국인들의 비중이 60%가 넘는다. 유럽인들도 있지만, 미국에서 오는 관광객이 압도적으로 많다.

사실 대학 시절, 칸쿤에 갈 기회가 있었다. 당시 미국 휴스턴에서 어학연수를 했는데, 어학연수를 마친 뒤 여행 계획을 세울 때 누군가 칸쿤을 권했다. 휴스턴에서 칸쿤까지는 비행기로 단 2시간. 미국 서부나 뉴욕보다 오히려 가까웠다. 오랜 고민 끝에 생소한 칸쿤 대신 LA와 미국 서부의 도시를 택했는데, 이 선택을 몇 번이나 후회했는지 모른다. 이후 도통 칸쿤에 갈 기회는 생기지 않다가 20년이 지난 어느 날 칸쿤 여행이 버킷 리스트인 지인과 함께 비로소 칸쿤 여행을 떠나게 되었다.

마야 문명의 수수께끼

침대에 누운 채로 카리브해 바다를 보는 것으로 칸쿤의 아침을 시작했다. 아침을 먹으러 식당에 가지 않고 룸서비스를 주문했다. 창 너머로 펼쳐지는 에메랄드빛 바다를 조망하며 먹는 아침 식사는 특별했다. 조식을 먹은 다음에는 당연하다는 듯 수영복으로 갈아입고 풀사이드의 선베드로 향했다. 선배드에 늘어지게 누워 책을 읽다 잠들고, 잠에서 깨면 더위를 식힐 겸 물에 몸을 담갔다가 마가리타를 주문해서 마시면서 빈둥거림의 극치를 누렸다. 점심은 풀사이드에서 열리는 바비큐 뷔페를 먹었다.

완벽한 휴식이 좋다고 해도 2~3일이 지나면 몸이 근질근질해지고 어딘가 나가고 싶어진다. 칸쿤이 매력적인 건 멋진 해변만 있는 게 아니라 사라진 문명이라 불리

(위) 세계7대 불가사의 치첸이트사, 유카탄
(아래) '성스러운 우물'이란 뜻의 세노테, 유카탄

는 마야 문명을 탐험할 수 있어서다. 칸쿤이 있는 유카탄 반도는 스페인의 침략이 있기 전까지 마야 문명의 중심지였다. 3세기경부터 10세기경까지 피라미드를 중심으로 도시를 세우고 고도로 발달한 문명을 이룩했지만, 돌연 멸망했다.

유카탄 반도에 있는 다양한 마야 유적 중 세계 7대 불가사의 중 하나로 꼽히는 치첸이트사로 향했다. 칸쿤에서 220km 떨어져 있어 투어를 이용했다. 투어에는 치첸이트사까지 왕복 교통편과 입장료, 그리고 가이드까지 있어 무심코 지나칠 수 있는 마야 문명에 관한 다양한 수수께끼를 들을 수 있다. 높이 30m의 쿠쿨칸 피라미드 안에는 20m와 10m 높이의 피라미드가 있어 삼중 구조로 되어 있다거나, 하늘을 향해 누워 있는 석상 '차크 몰'은 인간의 심장을 제물로 올려놓기 위한 곳이라는 얘기를 듣고 있으니 영화 〈인디애나 존스〉 속 고고학자가 된 것 같았다. 그늘 하나 없는 뙤약볕에서 치첸이트사를 둘러본 뒤에는 '성스러운 우물'이라는 세노테에서의 수영이 기다리고 있었다. 한여름에도 차가운 물이 더위를 잊게 해주었다. 하지만 이 우물이 인신 공양을 한 시신을 던져놓는 장소였다는 사실을 알게 되는 순간 시원함은 오싹함으로 바뀌었다.

아즈테카 문명을 꽃피우다

멕시코시티는 안중에도 없었다. 칸쿤까지 가는 직항편이 없어 멕시코시티에서 경유해야 하니, 이왕 가는 김에 그곳을 둘러보기로 하고 뒤늦게 멕시코시티에 관한 정보를 검색을 시작했다. 그런데 알면 알수록 멕시코시티는 상상 이상으로 매력적인 도시였고, 하루로 잡았던 일정은 이틀로, 다시 사흘로 늘어났다. 칸쿤이 마야 문명의 숨결이 느껴지는 곳이라면, 해발 2,240m의 고산 도시 멕시코시티는 아즈테카 문명의 흔적이 남아 있는 도시 전체가 하나의 거대한 박물관 같은 곳이었다.

소칼로 광장은 멕시코시티 여행의 출발지다. 광장 주변으로 메트로폴리탄 대성당과 템플로 마요르, 예술 궁전 등 주요 볼거리가 밀집되어 있다. 특히 아즈텍 제국 수도이자 당시의 왕도 테노치티틀란의 신전인 템플로 마요르는 오랜 세월 동안 감쪽같이 자취를 감추고 있었다. 템플로 마요르가 발견된 건 순전히 우연이었다. 1913년 메트로폴리탄 대성당 뒤편을 공사하다가 지하 계단이 발견되었고, 꼭꼭 숨어 있던 템플로 마요르의 존재가 비로소 모습을 드러냈다. 발굴 작업은 아직도 진행 중으로, 현재까지 출토된 유물은 템플로 마요르 옆에 있는 마요르 박물관에 전시되어 있다.

템플로 마요르를 돌아보고 소칼로 광장으로 나오는데, 알싸한 냄새와 함께 자욱한 연기가 눈에 들어왔다. 화려한 깃털이 달린 모자를 쓰고 얼굴에 해골 분장을 한 아즈텍 원주민의 후손들이 풀로 만든 향을 피워 지나가는 관광객들에게 불운과 나쁜 영혼을 쫓아내는 정화 의식을 치르고 있었다. 힘찬 북소리에 맞춰 추는 역동적인 춤까지 더해져 오래도록 시선을 붙들었다.

프리다 칼로의 자취

치첸이트사가 마야 문명 최고의 유적이라면 멕시코시티에서 북동쪽으로 52km 떨어진 테오티우아칸은 아즈테카 문명의 최고 유적지다. '신들의 모임 장소'라는 뜻을 지닌 테오티우아칸은 규모만으로 보면 치첸이트사를 압도한다. 그도 그럴 것이 테오티우아칸은 과거 15만 명이나 되는 인구가 살았던 거대한 도시였다. 현재 아메리카 대륙에서 가장 큰 고대 유적지로, 높이 42m, 밑변 가로 150m, 세로 120m인 달의 피라미드와 높이 66m, 한쪽 변의 길이만 230m나 되는 세계에서 세 번째로 큰 피라미드인 태양의 피라미드가 있다.

달의 피라미드와 태양의 피라미드가 흥미로운 점은 너무 많은 사람이 올라간 탓에 심하게 훼손되어 지금은 올라갈 수 없는 치첸이트사의 피라미드와 달리 올라갈 수 있다는 사실이다. 계단이 가파른 급경사로 되어 있어 사족 보행을 하는 이들도 심심

(위) 달의 피라미드와 태양의 피라미드가 있는 아즈테카 문명 최고 유적지, 테오티우아칸
(아래) 아즈텍 원주민 후손들의 정화 의식, 멕시코시티

(위) '파란집'이란 뜻의 프리다 칼로의 집 카사 아술, 멕시코시티
(아래) 프리다 칼로의 아틀리에, 멕시코시티

치 않게 볼 수 있지만(심지어 태양의 피라미드는 약 250개의 계단이 촘촘히 연결돼 있다), 피라미드 정상에 오르면 가쁜 호흡을 몰아쉴 새도 없이 한눈에 들어오는 테오티우아칸의 유적에 짜릿한 쾌감이 느껴진다.

사실 멕시코시티로 나를 이끈 건 프리다 칼로였다. 오래전 멕시코시티에 대한 칼럼을 쓰면서 영화 〈프리다〉로 널리 알려진 프리다 칼로의 집 '카사 아술'이 멕시코시티에 있다는 사실을 알게 되었고, 꼭 한 번 가보고 싶다고 생각했다. '파란 집'이란 뜻의 카사 아술은 그녀가 태어난 집이자 열다섯 살에 다친 이후 평생을 누운 채 생활해야 했던 그녀가 수많은 작품을 탄생시킨 곳이다. 프리다 칼로는 그녀와 함께 멕시코를 대표하는 미술가로 꼽히는 디에고 리베라와 함께 생활했다. 그녀가 죽고 1958년 디에고 리베라가 국가에 이 집을 기증하면서 대중에게 선보이게 되었는데, 그녀의 침대와 아틀리에가 남아 있어 지금도 카사 아술 어딘가에서 그녀가 불쑥 나타날 것 같았다. _윤영주

카사 아술 정원에 있는 조형물

여행 정보

HEY!
Get ready!

How to get there

아에로멕시코에서 인천-멕시코시티 구간 직항편을 주 3회 운항하고 있다. 소요 시간은 13시간 35분이다. 멕시코시티에서 칸쿤까지는 국내선을 타고 갈 수 있으며 2시간 정도가 소요된다.

Where to go

●**국립 인류학 박물관**Museo Nacional de Antropología

라틴아메리카 최고의 인류학 박물관으로 꼽힌다. 아즈테카 문명, 마야 문명, 올멕 문명 등 방대한 유물이 시대별로 전시되어 있다. 특히 아즈테카 문명에 대해 이해하기 쉽게 되어 있는데, 테오티우아칸에서 발견된 유적의 상당수가 전시되고 있다. 무게 25t, 지름 3.75m에 이르는 아즈텍의 달력 '태양의 돌'이 가장 대표적인 볼거리로, 아즈텍 사람들의 우주관이 고스란히 담겨 있다.

ADD. Paseo de la Reforma & Calzada Ghandi, Mexico City URL. www.mna.inah.gob.mx

●**예술궁전**Palacio de Bellas Artes : 눈이 부실 만큼 화려한 황금색 돔의 5층 건물이다. 멕시코 독립 100주년을 기념하여 1934년에 개관했다. 디에고 리베라, 다비드 알파로 시케이로스, 호세 클레멘테 오로스코 같은 멕시코 3대 거장의 작품이 전시되어 있다. 다양한 작품 중 멕시코 혁명 과장을 그린 디에고 리베라의 대벽화 〈인간, 우주의 지배자〉는 놓치지 말자.

ADD. Av. Hidalgo 1, Mexico City URL. palacio.inba.gob.mx

● **과달루페 성모 성당**Basilica de Guadalupe : 매년 약 2,000만 명의 순례객이 방문하는 세계 3대 성모 발현지다. 총 5개의 성당 중 현대적인 모습의 성당은 1976년에 완공된 것으로, 2만 명을 수용할 수 있는 엄청난 규모다. 성당 내에서 검은 머리, 갈색 피부의 과달루페 성모를 찾아볼 수 있다.

ADD. Plaza de las Américas 1, Villa de Guadalupe, Villa Gustavo A. Madero, 07050 Ciudad de México

URL. www.virgendeguadalupe.mx

● **바스콘셀로스 도서관**Vasconcelos Library : 2006년에 건축된 공공 도서관이다. 선반을 확장에 57만 5,000권의 책을 소장할 수 있는 독특하면서도 미래 지향적인 디자인은 영화 〈인터스텔라〉의 모티브가 되어 '인터스텔라 도서관'으로도 불린다. 관광지가 아니다 보니 조용하게 책을 읽는 사람들 사이를 까치발로 살금살금 다니며 관람해야 한다.

ADD. Eje 1 Nte. S/N, Buenavista, 06350 Ciudad de México, CDMX

Where to eat

● **레스토란테 엘 카드레날**Restaurante El Cardenal

여행 전문 사이트 트립어드바이저가 '2018 우수인증(Certificate of Excellence)'으로 선정한 레스토랑이다. 가격대가 좀 있는 편이지만, 언제 방문하든지 줄을 서서 기다려야 한다. 타코, 브리토는 물론 다양한 멕시코 요리가 총망라되어 있다. 센트로 거리에 2개의 지점이 있다.

ADD. Calle de la Palma 23, Centro Histórico URL. www.restauranteelcardenal.com

● **엘 모로**El Moro : 1935년에 오픈한 추로스 맛집. 현지인들이 애용하는 곳으로 도로변에 긴 줄이 늘어서 있다. 4개에 25페소라는 저렴한 가격도 매력적이다. 추로스는 코코아에 찍어 먹으면 더 맛있는데, 추로스 4개와 코코아 세트도 있다. 추로스 사이에 아이스크림을 넣은 콘수엘로(Consuelo)도 인기다.

ADD. Eje Central Lazaro Cardenas 42 URL. elmoro.mx

Where to stay

● NH 멕시코 시티 센트로 히스토리코NH Mexico City Centro Histórico

이 호텔을 예약한 이유는 간단하다. 소칼로 광장, 예술 궁전 같은 멕시코시티의 주요 관광지까지 걸어서 5분이면 갈 수 있다. 호텔 규모에 비해 저렴한 가격과 모던하고 깔끔한 인테리어까지 더해져 머무는 동안 만족도가 더 높다.

ADD. Calle Palma 42 Downtown, Mexico City 06000

URL. www.nh-hotels.com/hotel/nh-mexico-city-centro-historico

● 올 인클루시브 호텔 All Inclusive Hotel

칸쿤 공항에서 하얏트, 리츠칼튼 같은 세계적인 호텔이 몰려 있는 호텔 존(Zona Hotelera)까지는 차로 30분이 걸린다. 신혼여행으로 칸쿤을 여행할 계획이라면 올인클루시브 호텔을 예약하는 게 정석이다. 올 인클루시브 호텔에는 말 그대로 모든 것이 포함되어 있다. 리조트 내 레스토랑에서 하루에 몇 끼를 먹어도 상관없고, 음료는 물론 모든 주류가 '공짜'다. 대부분 올 인클루시브 호텔은 투숙객이 전용으로 이용할 수 있는 프라이빗 비치까지 갖추고 있다. 신혼여행을 위한 조용한 분위기를 원한다면 올 인클루시브 호텔 중에서도 어덜트 온니(Adult Only)라고 표시된 호텔을 고르면 된다.

Suggestion Schedule

1 Day

오전 : 베니토후아레스 국제공항 도착 후 칸쿤 국내선으로 환승

오후 : 칸쿤 공항 도착

올 인클루시브 호텔 체크인 후 해변에서 일몰 감상

2 Day

오전/오후 : 올 인클루시브 호텔에서 휴식

3 Day

오전 : 올 인클루시브 호텔에서 휴식

오후 : 라 이슬라에서 쇼핑 즐기기

밤 : 센트로에서 나이트 라이프

4 Day

오전/오후 : 치첸이사 데이 투어

5 Day

오전 : 칸쿤 공항으로 이동 후 멕시코시티 비행기 탑승

베니토후아레스 국제공항 도착

오후 : 소칼로 광장, 템플로 마요르, 예술 궁전 둘러보기

6 Day

오전 : 카사 아술에서 프리다 칼로와 조우

오후 : 국립 인류학 박물관 관람

7 Day

오전/오후 : 테오티우아칸 데이 투어

밤 : 베니토후아레스 국제공항으로 이동

8 Day

오전 : 한국행 비행기 탑승 및 인천 국제공항 도착

로드 투 하나. 하와이 마우이

Nikon

템스강 사이로 왼쪽 런던 아이와 오른쪽 빅 벤, 영국 런던

가족 ______ 여행

가족 여행의 끝판왕

지중해 크루즈

망망대해를 여행하는 크루즈

이동 시간조차도 즐겁다

여행 계획을 세울 때, 특히 가족 여행일 경우 걱정이 폭포수처럼 쏟아진다. 아이는 물론 부모까지 만족하는 여행을 원하기 때문이다. 크루즈 여행은 가족 모두가 만족하는 여행을 원하는 이들에게 정답에 가까운 여행이다. 5성급 호텔 못지않은 호화로운 선내 시설, 풀코스 정찬, 매일 밤 펼쳐지는 화려한 쇼 등, 크루즈 여행에는 '여행'이라는 단어로 떠올릴 수 있는 모든 즐거움과 매력이 담겨 있다. 무엇보다 가족 여행에 최적화되어 있다. 아이들이 수영장이나 키즈 클럽에서 즐거운 비명을 지를 때 부모는 모처럼 무위의 일락을 누릴 수 있고, 할머니, 할아버지는 라인댄스와 빙고 게임을 하면서 활기 있고 생동감 넘치는 시간을 보낼 수 있다.

비단 가족 여행이 아니더라도 크루즈 여행의 매력은 차고 넘친다. 먼저 크루즈 요금에 숙소와 식사가 포함되어 있어 일일이 식당 정보를 찾아보거나 예약할 필요가 없다는 게 가장 큰 장점이다. 목적지에 도착해서 무거운 짐을 끌고 이리저리 길을 찾아 헤맬 필요도 없다. 기항지에서 내릴 때를 제외하고는 대부분 시간을 배 안에서 보내는 크루즈 여행은 이동 자체가 여행의 일부분이 되며, 다양한 부대시설과 흥미로운 선상 프로그램을 즐기는 사이 어느새 새로운 도시에 도착한다.

크루즈 여행의 가장 큰 즐거움 중 하나가 식사다. 크루즈 내에서는 하루 세 끼는 기본이요, 브런치, 애프터눈 티, 야식까지 하루에 6~7번 음식이 제공된다. 호텔이라면 룸서비스를 선뜻 이용하기가 쉽지 않지만, 크루즈라면 얘기가 달라진다. 느지막이 일어나 시선을 바다에 동여매고 즐기는 룸서비스는 더없는 행복감을 안겨준다.

그뿐만이 아니다. 크루즈 여행은 낭만을 두르고 있다. 아침에 눈을 뜨면 창밖으로 펼쳐지는 망망대해를 바라보며 오롯이 명상에 잠길 수 있고, 언제라도 갑판에 나가 시원한 바닷바람을 맞으며 홀가분한 기분을 누릴 수 있다. 나른한 오후에는 선베드에 누워 햇살 세례를 만끽할 수 있고, 발그스레한 홍조를 띠며 바닷속으로 빨려 들어가는 일몰도 쉬이 잊히지 않는다.

기분 좋은 파문

크루즈 여행의 노선은 다양하다. 가까운 일본과 중국을 비롯해 동남아, 지중해, 카리브해, 알래스카 등 입맛에 맞는 다양한 노선을 고를 수 있다. 크루즈 노선 중에서도 그리스 신화와 고대 국가의 흔적을 곳곳에서 만나는 지중해는 크루즈 여행을 향한 모든 로망을 충족해주는 가장 매력적인 코스로 꼽힌다. 프랑스(니스, 베르사유), 모나코, 이탈리아(로마, 베네치아, 소렌토), 그리스(아테네, 산토리니, 카타콜론), 터키(이스탄불, 에페수스, 이즈미르), 스페인(말라가, 발렌시아, 바르셀로나), 이탈리아(피사, 바리), 프랑스(몬테카를로), 크로아티아(두브로브니크) 등의 기항지로 8~12일 동안의 일정이 구성된다.

내가 선택한 일정은 이탈리아의 크루즈 회사 '코스타 크루즈'의 코스타 메디테라네 호를 타고 베네치아에서 출발해 8일 동안 그리스 카타콜론과 터키 이스탄불, 이즈미르, 크로아티아 두브로브니크, 이탈리아 바리 등을 기항해 베네치아로 돌아오는 것이었다. 선실은 객실 등급에 따라 크게 인사이드 룸, 오션뷰 룸, 발코니 룸으로 나뉘는데, 4개의 침대가 있는 멀티형 선실도 마련되어 있다.

크루즈 터미널에서 승선 수속을 마치자 드디어 거대한 위용의 크루즈가 보였다. 여드레를 이곳에서 지낼 생각을 하자 이제 막 연애를 시작하는 것처럼 설레기 시작했다. 12층 규모에 무게 8만 5,700톤, 승객과 승무원을 포함하여 3,000여 명을 태우는 거대한 배의 움직임을 감지하기란 쉽지 않은 일이다. 출발을 알리는 우렁찬 뱃고동 소리와 멀어지는 항구를 보며 비로소 출항을 실감했다.

코스모폴리탄이 되는 경험

크루즈에 탑승한 다음 날 아침, 첫 기항지인 바리에 도착했다. 하선 시간은 오전 11시. 배에서 내리자 안내자가 바리 시내 지도를 나눠주었다. 크루즈 여행은 별다른 준비를 하지 않아도 기항지에 대한 여행 정보를 주기 때문에 편리하다. 바리 또는

(위) 크루즈 옥상 갑판에 있는 수영장
(아래) 풀코스 식사를 즐길 수 있는 크루즈 내 레스토랑

턱시도와 이브닝드레스를 입고 갈라 디너를 즐기고 있는 탑승객

이스탄불처럼 항구와 멀지 않은 거리인 데다 지도 한 장이면 둘러볼 수 있는 도시는 택시나 대중교통을 타고 개별적으로 다녀도 좋다. 하지만 고대 올림피아드가 열렸던 올림피아가 있는 카타콜론이나 에게해 최대의 유적 에페스가 있는 이즈미르처럼 항구에서 멀거나 대중교통 이용이 어려운 도시의 경우에는 크루즈에서 운영하는 기항지 여행 프로그램을 신청하는 편이 현명하다. 특히 유적지의 경우 노련한 가이드가 안내해주기 때문에 미처 몰랐거나 무심코 스쳐 지나갈 수 있는 유적지를 살뜰하게 돌아볼 수 있다. 여행 프로그램 참가 비용에는 차량, 입장료, 가이드 비용이 포함되어 있다.

기항지에서의 짧은 여행을 끝내고 배로 귀환한 뒤 잠시 휴식을 취하고 있으니 어느덧 저녁 시간이 되었다. 풀코스로 제공되는 디너는 맛있는 요리를 먹는다는 것 이상의 의미를 담고 있다. 이탈리아를 포함한 유럽, 미주, 아시아 등 세계 각국에서 온 사람들이 매일 같은 테이블에서 정해진 멤버와 함께(언어와 구성원을 고려하여 좌석을 배정한다) 담당 웨이터의 서빙을 받으며 식사를 한다. 담당 웨이터는 하루의 안부를 묻는 것부터 시작하여 식사는 맛있었는지, 불편한 점은 없는지 등을 살피며 친근하고 세심한 서비스를 베푼다. 매일 식사를 함께하다 보면 다른 나라에서 온 여행객들과도 스스럼없이 친구가 된다.

저녁 식사를 하고 객실로 돌아오자 선상 신문 〈투데이〉가 기다리고 있었다. 일출 및 일몰 시각, 선내 프로그램의 시간과 장소, 기항지 환율 정보, 스파 및 면세점 정보 등 일일이 나열하기 힘들 정도로 많은 정보가 빼곡히 담겨 있어 〈투데이〉는 매일 저녁 크리스마스 선물 상자를 풀어보듯 두근거리는 마음으로 읽게 된다. 또한 몇 시경에 배가 아름다운 풍경을 지나가리라는 것까지 알려주어 선상 생활의 나침반 역할까지 한다.

지루할 틈 없는 선상 데이

여드레의 일정 중에는 기항지에 내리지 않고 온전히 바다에서만 보내는 선상 데이가 있다. 배 위에서 보내는 24시간이 조금 지루하지 않을까 하는 걱정도 잠시, 다양한 부대시설이 갖추어져 있어 오히려 24시간이 짧게 느껴졌다. 나는 아침 식사를 하고 몸이 나른해질 즈음 전문 강사가 지도하는 요가 강습을 받았다. 그 뒤 〈투데이〉에서 소개한 선상 프로그램에 두루두루 참여했다.

베네치안 마스크를 쓰는 가면무도회, 로마인들이 입던 토가를 입고 즐기는 파티, 흥겨운 림보 경연대회가 열리는 트로피컬 파티 등 축제 인파와 하나가 되어 즐기다 보니 일상에서는 느낄 수 없었던 자유로움이 느껴졌다. 저녁 식사를 마치고 수준 높은 공연이 다채롭게 펼쳐지는 극장으로 향했다. 라스베이거스 쇼를 방불케 하는 전문 무용수들과 가수들의 공연도 팔색조 같은 매력이 있었지만, 눈앞에서 순식간에 사람이 사라지는 마술쇼는 그 어느 공연보다 박수와 환호가 끊이지 않았다.

매일 밤 펼쳐지는 축제가 있는가 하면 크루즈 일정 동안 딱 한 번 진행하는 특별 이벤트가 있다. 선장이 주최하는 갈라 디너와 마지막 날 저녁 식사가 끝날 무렵에 열리는 페어웰파티다. 갈라 디너에 참석하기 위해 여자는 이브닝드레스, 남자는 턱시도를 입고 라운지로 가면 입구에서 선장은 승객 한 사람 한 사람과 악수를 하고 함께 사진을 찍으며 정성껏 손님은 맞는다. 모든 승객이 입장하면 음악에 맞춰 춤과 노래가 곁들어지는 본격적인 파티가 시작된다. 이날만큼은 샴페인이나 칵테일이 무료로 제공된다. 갈라 디너에는 식사 때 특별한 메뉴가 올라오고, 분위기가 한껏 고조될 때쯤 선장이 무대로 등장하여 손에 든 잔을 번쩍 치켜들고 '치어스'를 외친다.

페어웰파티에서는 크루즈 내의 모든 직원이 총출동해 자기소개를 하며 인사를 건네고 승객들과의 작별을 아쉬워한다. 한마음이 되어 〈오 솔레미오〉를 합창하거나 흥겨운 음악에 맞춰 한바탕 춤사위를 벌이며 마지막을 기린다. 그리고 같은 테이블에서 저녁을 함께 먹었던 일행들과 포옹하며 석별의 정을 나눈다. _**윤영주**

지중해 크루즈의 출항지 베네치아

여행 정보

HEY! Get ready!

Reservation

일반적인 여행 상품과 달리 크루즈 예약은 6개월 전부터 시작된다. 예약이 빠를수록 요금이 할인되거나 같은 등급의 선실이라도 고층이나 전망 좋은 곳으로 요청할 수 있다. 크루즈 선실만 예약하거나 항공권과 일정에 따라 출발지 또는 도착지의 숙소가 포함된 패키지 상품 중에서 선택하여 예약할 수 있다.

Port of Call

● **이스탄불**Istanbul

동서양의 교차점에 위치한 터키 이스탄불은 너비 1km 보스포루스 해협을 사이에 두고 유럽과 아시아를 동시에 품고 있다. 사원 내부의 벽과 돔에 사용된 타일의 색깔이 푸른색을 띠고 있어 '블루 모스크'라는 이름으로 더 잘 알려진 이슬람 사원 술탄아흐메트 자미(Sultanahmet Camii), 기독교와 이슬람교 두 가지 종교의 색채가 어우러진 아야 소피아(Aya Sofya), 400년 동안 22명의 오스만 왕(술탄)이 거주했던 톱카프 궁전(Tokapi Sarayi) 같은 건축사적으로 주목할 만한 건축물들이 있다.

● **이즈미르**Izmir

터키에서 세 번째로 큰 도시로, 고대 도시 에페스가 있다. 옛 이름은 에페수스로, 그리스와 로마 시대 당시 25만 명의 인구가 살았다고 한다. 아테네 파르테논 신전의 4배 크기인 아르테미스 신전과 상업 지구 아고라, 원형 경기장, 셀수스 도서관, 목욕탕, 공중화장실 등 흥미로운 유적을 만날 수 있다. 에페스의 대극장은 특별한 장치 없이도 맨 끝 좌석까지 소리가 전달되는 특이한 구조로 엘튼 존, 레이 찰스 등 쟁쟁한 아티스트들의 공연이 열렸다.

●카타콜론 Katakolon

고대 올림피아드가 열렸던 올림피아로 가는 관문 도시다. 1987년 세계문화유산으로 지정되었다. 올림피아 중심에는 기원전 470~456년에 세워진 제우스 신전이 있다. 6세기 때 일어난 대지진으로 돌기둥이 한 방향으로 줄지어 쓰러져 있는 모습도 장관이다. 그리스 신전 가운데 가장 오래된 신전의 하나인 헤라 신전도 볼 만하다. 도리아식 기둥이 늘어선 회랑을 지나 신전을 빠져나오면 올림픽 성화를 채화하는 성스러운 제단이 발길을 붙든다. 육상 트랙과 관중석이 있는 스타디온(오늘날의 스타디움)도 찾아볼 수 있다.

●바리 Bari

"만약 파리가 바닷가에 있었다면 작은 바리와 같을 것이다." 바리 사람들이 흔히 하는 이 말은 결코 자화자찬이 아니다. 이탈리아 동부 해안에 위치하여 이탈리아와 그리스, 중동 세계를 연결해주는 바리는 13세기 초반에 황금기를 맞았다. 예술과 뿌리 깊은 역사가 살아 숨 쉬는 구시가지 중심의 산 니콜라 교회(Basilica di San Nicola)가 바리 여행의 시작점이다.

Suggestion Schedule

1 Day

오전 : 베니치아 마르코 폴로 국제공항 도착

오후 : 크루즈 터미널 이동 후 크루즈 승선

2 Day

오전 : 바리 도착 후 기항지 관광

오후 : 크루즈 귀환 후 선상 프로그램 즐기기

3 Day

오전 : 올림피아 도착 후 기항지 관광

오후 : 크루즈 귀환 후 선상 프로그램 즐기기

밤 : 갈라 디너

4 Day

오전 : 에페스 도착 후 기항지 관광

오후 : 크루즈 귀환 후 선상 프로그램 즐기기

5 Day

오전 : 이스탄불 도착 후 기항지 관광

오후 : 크루즈 귀환 후 선상 프로그램 즐기기

6 Day

오전/오후 : 선상 프로그램 즐기기

7 Day

오전/오후 : 두브로브니크 기항지 관광

오후 : 크루즈 귀환 후 선상 프로그램 즐기기

밤 : 페어웰파티

8 Day

오전 : 크루즈 하선

오후 : 베니치아 마르코 폴로 국제공항 도착 후 비행기 탑승

9 Day

오전 : 인천 국제공항 도착

가족 여행 _____ 02

엄마와 함께

런던에서 에든버러까지

오픈 탑으로 시내 전경을 볼 수 있는 시티투어 버스, 영국 런던

엄마와 여행한 적이 있나요

"다음에는 어디로 갈까??"

여행을 마치고 돌아오는 비행기 안에서 엄마는 같이 여행해줘서 고맙다며, 다음에도 딸과 함께 여행을 가고 싶다고 말씀하셨다.

'엄마와 여행하기'는 오랫동안 간직해온 꿈이었다. 엄마와 여행한다는 건 잦은 말다툼은 물론 심하면 중간에 여행을 그만두는 상황이 벌어질지도 모른다는 주변 사람들의 말을 듣고 차라리 엄마에게 패키지 여행을 보내드리는 편이 좋을지도 고민했다. 그러나 역시 엄마와 함께 가기를 잘했다.

예쁘게 귀부인처럼 차려입고 애프터눈 티와 뮤지컬 〈오페라의 유령〉을 본 일, 템스강변 벤치에 앉아 타워 브리지를 바라보며 모닝커피를 마신 일, 셰익스피어와 찰스 디킨스가 사랑한 펍 앵커에서 "토스트"를 외치며 마셨던 에일 맥주, 연착되는 에든버러행 기차 안에서 제공되는 음식에 소풍 온 것처럼 신나서 깔깔대던 일, 뜨끈한 쌀국수를 먹겠다고 비를 흠뻑 맞으며 에든버러 시내를 달렸던 일. 비록 엄마는 도시 이름도 금방 잊어버리시긴 했지만, 런던에서 에든버러까지는 값을 매길 수 없는 행복한 시간의 연속이었다.

런던을 만나는 가장 근사한 방법

런던시가 2000년 야심 차게 공개한 도시 프로젝트 '밀레니엄 프로젝트'는 런던이 매력적인 도시라는 사실에 방점을 찍었다. 영국의 수도 런던이 시작된 시티 오브 런던에 위치한 세인트폴 대성당, 런던의 산업화를 이끌다 폐쇄되면서 흉물로 전락한 발전소를 리모델링한 테이트 모던, 이 둘을 잇는 밀레니엄 브리지 위에서는 중세 도시와 최첨단 도시가 같이 흘러가는 듯한 시공간을 느낄 수 있다. 1859년에 세워진 시계탑 '빅 벤'과 1999년에 만들어진 '런던 아이'는 마치 의도한 듯 자연스레 이 풍경들과 어우러진다. 누구보다 영국을 사랑한 빌 브라이슨은 『발칙한 영국 산책 2』에서 런던을 이렇게 묘사했다.

"나는 런던이 전 세계 모든 도시들을 통틀어 최고의 도시라고 생각한다. 물론 런던에는 뉴욕처럼 짜릿하고 흥겨운 활력도 없고, 시드니의 하버 브리지 같은 다리나 멋진 모래사장도 없으며, 파리처럼 넓은 가로수 길도 없다는 사실을 잘 알고 있다. 하지만 런던에는 도시를 더욱 근사하게 만드는 거의 모든 것들이 다 있다."

그의 표현처럼 런던은 도시의 면면을 알아갈수록 모든 것이 다 있는 근사한 도시임을 실감한다. 한정된 시간 속에 런던을 방문하는 대다수 여행객에게 추천하고 싶은 런던 여행법은 달리는 이층 버스에서 런던 시내 곳곳을 둘러볼 수 있는 시티투어 버스다. 천장이 뚫린 오픈 탑 형식의 이층 버스를 타고 런던 시내의 랜드 마크와 주요 관광지를 모두 둘러볼 수 있는 데다 마음껏 내렸다 탔다를 반복할 수 있다. 걷기만 해도 좋은 도시 런던이지만, 이층 버스에서 내려다보는 런던은 구경하는 맛을 제대로 느낄 수 있게 해준다. 게다가 무척 편리하다. 우리 모녀가 지치지 않고 신나게 런던을 즐길 수 있었던 비결 역시 시티투어 버스였다.

런던의 어느 멋진 날

대학 시절 처음 런던을 방문했을 때 나의 눈은 휘둥그레졌다. 다양한 예술품이 가득한 박물관과 갤러리 대부분의 입장료가 무료라는 사실만으로 예술학도의 눈에 런던은 천국과도 같은 도시였다. 누군가는 셜록 홈스의 흔적을 좇고, 누군가는 잉글랜드 프리미어 리그 관람을 꿈꾸고, 누군가는 뮤지컬 관람을 꿈꾸는 이 도시에서 엄마와 내가 가장 먼저 찾은 곳은 사보이 호텔 티 룸이었다. 티 룸은 엄마의 환갑을 기념하는 여행지로 런던을 선택했을 때 가장 먼저 떠오른 곳이었고, 바쁘다는 이유로 함께하지 못했던 엄마의 생일을 멋지게 축하해주고 싶어서 한 달 전에 미리 예약을 해두었다.

(위) 근대 마차로부터 유래된 택시 해크니(Hackney), 영국 런던
(아래) 찰스 디킨스가 사랑한 펍 앵커, 영국 런던

(위) 사보이 호텔 티 룸의 애프터눈 티, 영국 런던
(아래) 세계 최고의 뮤지컬을 만나는 웨스트엔드, 영국 런던

애프터눈 티는 영국 사람들의 오랜 관습으로, 19세기 런던의 귀족 사회에서 시작되었다. 1841년 베드퍼드 가문의 안나 마리아 공작부인이 아침과 저녁 두 끼뿐이었던 식사 시간 중간에 지인들을 초대해 차와 간식을 제공하는 살롱 파티를 연 것이 애프터눈의 시초라고 기록되어 있다. 19세기 말에 이르러서는 상류층은 물론 중산층들까지 즐기는 문화로 자리 잡았다. 세계적인 인류학자 시드니 민츠는『설탕과 권력』에서 애프터눈 티의 인기에 대해 "귀하고 값비싼 수입품이었던 차와 설탕, 그리고 고급 도자기를 한 번에 자랑함으로써 자신의 부를 과시하는 데 애프터눈 티만 한 수단이 없었다"고 썼다. 과시를 위한 문화로 자리매김한 만큼 애프터눈 티는 차와 간식의 맛뿐만 아니라 내는 방법과 모양, 그리고 분위기까지 중요시된다. 일반 레스토랑이나 카페에서도 쉽게 접할 수 있지만, 런던의 사보이 호텔이나 리츠 호텔 등을 찾는 이유가 여기에 있다.

티 룸에 도착하자 예약된 자리로 안내되었다. 메뉴판을 보고 홍차의 종류를 선택하자 3단으로 된 실버 트레이에 화려한 꽃무늬 접시가 놓이고, 그 위로 핑거 샌드위치, 영국식 스콘과 크림, 잼, 케이크, 차, 샴페인이 테이블 위에 놓였다. 19세기 살롱 파티에 초대된 듯한 분위기에 취해 있는데, 생일을 축하하는 피아노 연주가 시작되었다. 케이크를 든 담당 서버 제인이 "Happy birthday to you, Madame" 하고 축하 인사를 건네자, 영어로 말하기를 쑥스러워하는 엄마의 입에서 수줍은 "Thank you"가 반복되었다. 세월의 흔적이 고스란히 담긴 공간과 여유와 배려가 넘치는 서버들, 찻잔에서 스며 나오는 은은한 찻잎의 향기까지, 완벽한 런던의 오후였다.

행복한 포만감을 느끼며 웨스트엔드로 향했다. 휘황찬란한 불빛과 수많은 인파가 사람을 들뜨게 하는 웨스트엔드를 찾은 이유는 바로 뮤지컬 〈오페라의 유령〉을 보기 위해서였다. 뉴욕 브로드웨이와 더불어 웨스트엔드의 뮤지컬은 세계 최고로 꼽히는데, 세계 4대 뮤지컬로 칭송되는 〈오페라의 유령〉〈캣츠〉〈레미제라블〉〈미스 사이공〉을 비롯해 유수의 작품을 공연해왔다. 그중에서도 〈오페라의 유령〉은 1986년 초

연된 이후로 가장 오래, 그리고 가장 많이 공연된 뮤지컬이다. '여왕 폐하의 극장'이라는 뜻을 지닌 허 마제스티스 극장은 그 이름처럼 우아한 기품이 느껴지는 곳이었다. 특히 팬텀이 크리스틴을 지하 은신처로 데려가는 장면에서 음산하면서도 격정적인 파이프 오르간 연주와 함께 극장 전체에 울려 퍼지는 〈The Phantom of the Opera〉는 온몸을 전율하게 만들었다. 본토의 것을 그대로 느끼고 있다는 감동은 상상 그 이상이었다.

마법 같은 축제의 도시 에든버러

1995년 도시 전체가 유네스코 세계문화유산에 등재된 에든버러는 마법에 걸린 이야기 속 도시처럼 기묘하다. 거뭇거뭇한 세월의 흔적이 묻어나는 오래된 석조 건물과 굴뚝, 미로처럼 뻗은 골목길, 언덕 위 요새 같은 성, 전통 의상 킬트를 입고 백파이프를 멘 연주자의 구슬픈 가락이 발을 멈추게 하는 곳. 이 도시를 조금만 둘러봐도 〈해리 포터와 마법사의 돌〉이 이곳에서 집필된 게 당연하게 느껴진다.

처음 방문했던 에든버러는 축제가 한창인 8월이었다. 2차 세계 대전 이후 치유와 인류 재통합의 축제로 탄생한 에든버러 인터내셔널 페스티벌은 도시 전체가 한여름의 난장이 되는 에든버러 페스티벌 프린지, 세계 최고의 군악대 퍼레이드가 펼쳐지는 로열 에든버러 밀리터리 태투 등으로 대표된다. 항공권도 열차표도 숙소도 매진 행렬인 8월의 에든버러에 머물 수 있었던 건 그야말로 행운이었다. 예매해둔 밀리터리 태투 공연을 보러 에든버러 성으로 향하는 길은 거리의 예인들과 공연을 보러 온 사람들로 북적였다. 성벽에 비친 색색의 조명과 하늘이 까맣게 물들 때까지 이어지는 열정적인 공연, 성벽을 뚫을 듯한 기세로 환호하는 관중의 함성 등 모든 게 한여름 밤의 꿈만 같았다.

다음 날 비바람이 창문을 흔드는 소리에 알람보다 일찍 잠에서 깼다. 창문을 살짝 열어 보니, 차갑고 신선한 새벽 공기가 촉촉이 스며왔다. 여행지에서 비와 바람을 만나면 반갑기 힘든 법인데, 판타지 영화 속 배경 같은 에든버러는 비 오는 아침과 꼭 어울렸다. 스코틀랜드식 아침 식사와 커피, 그리고 스카치 위스키를 한 모금 들이켜고 있으니 곧 비가 그치고 맑은 하늘이 나타났다. 식사를 마친 뒤 거리로 나섰다. 로열마일에는 주말 벼룩시장이 열리고 있었고, 홀리루드 공원과 그 위로 이어지는 언덕 위 아서스 시트에는 풍성한 가을볕을 즐기는 사람들로 붐볐다. 시선이 가는 곳곳이 한 폭의 그림 같은 풍경에 감탄하며 칼튼 힐에 오르는데, 어디선가 스틱을 부딪히는 소리와 박수 치는 소리가 들려왔다. 한쪽으로는 항구와 바다가 보이고, 한쪽으로는 중세의 모습을 고스란히 간직한 에든버러 시내가 내려다보이는 언덕 여기저기서 각양각색으로 분장한 예술가들의 공연 배틀이 한창이었다. 누군가 마법을 부려 선물한 것 같은 그 풍경에 그리운 첫사랑을 만난 것처럼 가슴이 뛰었다. _**이지은**

에든버러 성에서 본 가을 풍경, 스코틀랜드 에든버러

여행 정보

HEY! Get ready!

How to get there

대한항공과 아시아나항공에서 인천-런던 구간 직항편을 운항하고 있으며, 소요 시간은 12시간이다. 런던-에든버러 구간은 런던 유스턴역에서 에든버러 웨이벌리역까지 운행하는 버진 트레인을 추천한다. 소요 시간은 4시간이며, 일등석을 끊을 경우 유스턴역 라운지를 이용할 수 있고, 기차에서 간단한 식사와 음료를 제공받는다.

Where to go

● **버킹엄 궁전**Buckingham Palace : 빅토리아 여왕 이래 영국 왕실의 공식적인 거주지이자 행정 본부로, 국가적 경사나 애사에서 영국 국민에게 가장 상징적인 의미를 가지는 공간이다. 버킹엄 궁전의 근위병 교대식은 이곳의 가장 큰 볼거리다. 그린 공원(Green Park), 버킹엄 궁전 가든(Buckingham Palace Garden), 세인트 제임스 공원(St. James's Park)으로 둘러싸여 있어 녹지 비율이 가장 높은 도시 중 하나인 런던의 자연도 함께 누릴 수 있다.

ADD. Buckingham Palace, London SW1A1 AA, UK URL. royalcollection.org.uk

● **피카딜리 서커스**Piccadilly Circus : 16세기 귀족들에게 선풍적인 인기를 얻었던 레이스 칼라인 '피카딜'에서 유래한 지명으로, 런던에서 가장 번화한 광장이다. 지하철과 버스가 모이는 교통의 요지이며, 만남의 장소로 유명한 섀프츠베리 기념 분수(The Shaftesbury Memorial Fountain)가 있다. 이곳은 언제나 엄

청난 인파로 붐비는데, 방탄소년단의 공연 광고 전광판으로 들썩였던 곳이기도 하다. 쇼핑, 공연, 맛집, 전시 등 런던에서 여행자가 원하는 모든 것을 찾을 수 있다.

ADD. Piccadilly Circus, London, UK

● **에든버러 성**Edinburgh Castle : 캐슬 록(Castle Rock)이라는 바위산 위에 세워진 성으로 '요새'라는 단어가 더 잘 어울리는 투박한 성이다. 오랜 세월 요새이자 스코틀랜드를 지배하는 왕궁으로 자리를 지켜왔으며, 현재는 영국군 사령부로 군이 주둔하고 있다. 내부에는 스코틀랜드와 관련된 다양한 박물관과 세인트 마가렛 예배당이 있다.

ADD. Castlehill, Edinburgh, EH1 2NG, UK **URL.** edinburghcastle.scot

● **칼튼 힐**Calton Hill : 360도 파노라마 뷰로 구시가지와 신시가지, 에든버러 성과 홀리루드 궁전이 모두 시야에 담기는 에든버러의 뷰 포인트다. 그리스 신전을 본떠 만든 내셔널 모뉴먼트(National Monument), 시립 천문대(City Observatory), 넬슨 기념탑(Nelson's Column) 등의 건축물이 모여 있다.

ADD. Edinburgh, EH7 5AA, UK

Where to eat

● **포피스**Poppie's : 1952년에 오픈한 전통 피시 앤드 칩스(Fish and Chips) 레스토랑이다. 대구와 해덕을 메인으로 바삭한 감자 튀김과 함께 귀여운 케첩과 타르타르 소스가 한 접시에 담겨 나온다. '내셔널 피시 앤드 칩스 어워드(National Fish&Chips Awards)'를 수상했고, 간이 되어 있지 않은 상태로 튀겨 나오는 생선은 소금과 식초를 뿌린 뒤 소스를 찍어 먹으면 된다.

ADD. 55-59 Old Compton St, Soho, London, W1D 6HW, UK(소호점)

URL. poppiesfishandchips.co.uk

● 앵커 펍 The Anchor **:** 1615년 문을 연 펍으로 런던 대화재로 소실된 이후 18세기에 다시 지어졌다. 셰익스피어와 찰스 디킨스가 즐겨 찾았던 곳으로, 빨간 페인트가 포인트로 들어가 포토 스팟으로 제격인 외관을 자랑한다. 영국인들에게 오래된 습관이자 일상인 펍, 앉을 자리가 없어도 모두 서서 왁자하게 즐기는 문화를 꼭 즐겨보길 권한다.

ADD. 34 Park St, Southwalk, London, SE1 9EF, UK

● 그랜드 카페 Grand Cafe **:** 1905년에 지어진 유서 깊은 건물에 자리한 그랜드 카페는 우아한 기품이 느껴지는 클래식한 장소다. 스코틀랜드식 아침 식사, 애프터눈 티와 정찬 코스 메뉴까지 즐길 수 있다. 스카치 위스키도 함께 곁들여보면 어떨까.

ADD. 20 North Bridge, Edinburgh, EH1 1TR, UK

URL. grandcafeedinburgh.co.uk

● 호위스 Howies **:** 스코틀랜드 전통 음식을 맛볼 수 있는 가성비 좋은 레스토랑으로, 빅토리아와 워털루 2개 지점이 있다. 양의 내장을 잘게 다져서 곡물과 섞은 것을 삶은 음식인 하기스(Haggis)와 함께 구성된 세트 메뉴를 추천한다.

ADD. 29 Waterloo Pl, Edinburgh, EH1 3BQ, UK

URL. howies.uk.com

Suggestion Schedule

1 Day

오후 : 런던 히드로 국제공항 도착

2 Day

오전/오후 : 런던 시티 투어 버스

밤 : 피카딜리 서커스

3 Day

오전 : 템스강변 산책

오후 : 애프터눈 티

밤 : 웨스트엔드 뮤지컬 관람

4 Day

오전 : 버킹엄 궁전, 그린 공원

오후 : 갤러리 구경

밤 : 앵커 펍

5 Day

오전 : 에딘버러로 이동

오후 : 에딘버러 성, 로열 마일

6 Day

오전 : 홀리루드 공원, 아서스 시트

오후 : 칼튼 힐

7 Day

오전 : 런던으로 이동

밤 : 히드로 국제공항에서 한국행 비행기 탑승

8 Day

오후 : 인천 국제공항 도착

유감없이 내주는 자연의 매력

캐나다 브리티시 컬럼비아주

밴쿠버와 빅토리아를 연결하는 페리

태평양을 면한 아름다운 도시

나이가 들수록 번잡한 도시보다는 한적하고 순화로운 자연 경관이 펼쳐지는 곳에 더 관심이 간다. 불혹의 나이에 접어든 나도 이러한데 하물며 부모님은 어떨까. 차를 타고 서울을 벗어나기만 해도 부모님은 창밖에 시선을 동여매고, 창밖으로 펼쳐지는 고즐한 풍경과 이름 모를 들꽃을 바라보며 행복에 젖으시곤 했다. 서울에서 자동차로 30여 분만 나가도 소풍을 떠난 어린아이처럼 좋아하시는데, 이국적인 풍경에 탐스럽게 만개한 꽃망울이나 만산홍엽이 더해지면 어떨지 굳이 보지 않아도 두 분의 모습이 눈에 선하다.

여행이 보편화하면서 환갑이나 칠순 잔치 대신 여행을 보내드리는 게 일반화되었고, 칠순을 맞은 엄마 역시 칠순 잔치보다는 여행을 더 원하셨다. 그렇게 첫째도 자연, 둘째도 자연인 여행지를 고르고 골라 웅혼한 자연을 품고 있는 캐나다 브리티시 컬럼비아주(이하 BC주)로 낙점했다. 캐나다 서부에 자리한 BC주는 아름다운 태평양 해안과 장엄한 숲, 반짝이는 맑은 호수의 자연 경관을 만끽할 수 있는 천혜의 여행지다.

우리가 익히 알고 있는 도시 밴쿠버는 BC주에서 가장 큰 도시이자 서부 캐나다의 관문이다. 아름다운 자연과 한겨울에도 온화한 기후 덕분에 세계에서 '가장 살고 싶은 도시'로 손꼽힌다. 그중에서도 10km에 400만m²의 숲을 보유하고 있는 스탠리 공원은 밴쿠버가 살고 싶은 도시로 꼽히는 데 크게 일조했다. 이곳은 2014년에 세계적인 여행 정보 사이트 '트립어드바이저'에서 세계 최고의 공원으로 선정된 바 있다. 오래전부터 그곳에 그 모습 그대로 존재해 있던 스탠리 공원의 숲은 사시사철 아름다움을 뽐내지만, 특히 가을 단풍이 압권이다. 빨간색과 노란색으로 야단스럽게 옷을 갈아입은 숲에서 가을의 정취를 오롯이 느낄 수 있다.

밴쿠버 다운타운에서 차로 30분 거리에 있는 높이 1,231m의 그라우스 마운틴은 헬리콥터 투어와 하이킹, 스키와 스노보드 같은 사계절 레포츠를 즐기기에 안성맞춤이다. 전망대에 오르면 발 아래로 밴쿠버 시내와 태평양을 볼 수 있는데, 15분마다 운영하는 스카이라이드를 타면 전망대까지 7분 만에 도착할 수 있다. 하지만 걸어서 1시간이면 올라갈 수 있어 트레킹을 하는 이들도 꽤 많다. 트레킹을 하다가 운이 좋으면 그라우스 마운틴의 홍보 대사 역할을 톡톡히 하고 있는 그리즐리 곰 두 마리를 만날 수도 있다.

영국을 쏙 빼닮은 빅토리아

BC주의 주도는 인구 60만 명이 살고 있는 밴쿠버가 아니라 인구 8만 명이 살고 있는 빅토리아다. 빅토리아는 캐나다 서해안 최대의 섬인 밴쿠버 아일랜드에 자리한 곳으로, 밴쿠버에서 페리를 타면 빅토리아를 비롯해 나나이모, 슈메이너스까지 갈 수 있다. 그것도 1시간 30분 동안 구김살 없는 바다가 빚어내는 장쾌한 풍경을 감상하면서 말이다. 1868년 영국 이주민들이 모여서 세운 빅토리아에는 고풍스러운 건물, 빨간색 이층버스, 마차가 다니는 거리 등 영국적인 색채가 짙게 남아 있다. 지은 지 100년이 훌쩍 넘은 페어몬트 엠프레스 호텔은 고성을 연상시키는데, 밤이 되면 담쟁이 덩굴로 뒤덮인 건물에 조명까지 비쳐 그윽함이 더해진다. 페어몬트 엠프레스 호텔과 함께 1897년에 완공된 주 의사당은 빅토리아를 대표하는 건물로, 해가 지면 건물 라인을 따라 3,000개의 조명이 불을 밝혀 빅토리아의 밤을 아름답게 장식한다.

페어몬트 엠프레스 호텔과 주 의사당을 품고 있는 이너하버는 여행객들이 빅토리아에서 가장 오래 머무는 곳이다. 여행 잡지 기자 시절, 출장차 빅토리아를 방문했을 때 눈으로 어루만진 이너하버의 모든 풍경에 마음을 빼앗긴 나는 빅토리아에 '여행객'이 아닌 '현지인'으로 살고 싶다는 생각이 들었다. 그렇게 무언가에 홀린 듯 회사를 그만두고 빅토리아 대학에서 운영하는 비즈니스 과정에 지원해 무작정 빅토리아로 건너왔다. 그때 내 마음을 빼앗은 풍경은 몇 년이 지나 다시 찾은 지금도 여전히 마음을

(위) 담쟁이 덩굴로 뒤덮인 페어몬트 엠프레스 호텔, 빅토리아
(아래) 밤이면 불빛으로 더 아름다운 주 의사당, 빅토리아

말랑거리게 했다.

빅토리아 북쪽으로 21km 거리에 있는 부차트 가든 역시 내가 좋아했던 곳으로, 계절에 따라 다른 꽃들이 만개하여 계절마다 다른 느낌을 선사했다. 1900년대 초 석회암 채굴장이었던 곳을 '부차트'라는 부부가 세계를 여행하며 희귀한 관목과 나무, 식물을 수집해 정원으로 완성했다. 부차트 가든의 얼굴 역할을 하는 선큰 가든을 중심으로 로즈 가든, 재퍼니즈 가든, 이탈리언 가든으로 구성된 4개의 정원은 각자의 개성을 한껏 내뿜으며 매년 100만 명의 발길을 모으고 있다.

황폐한 채굴장에서 사시사철 아름다운 꽃들이 피는 부차트 가든

기적을 일군 벽화 마을

과거 산림 자원이 풍부했던 슈메이너스는 제지공장이 생기면서 번성했다. 하지만 1980년대 초 산림 자원이 고갈되면서 유령 도시가 될 뻔한 위기에 처하자, 마을 사람들은 마을을 살리기 위해 건물에 벽화Mural Paintings를 그려 단 한 명도 찾지 않는 도시를 한 해 50만 명이 넘는 관광객이 찾아오는 관광 도시로 탈바꿈시켰다.

'세계 최대의 야외 갤러리'로 불리는 슈메이너스에는 자원봉사 화가들이 그린 40여 개의 벽화가 있는데, 17~18세기 생활상을 주제로 그려진 벽화는 마트, 우체국 건물은 물론 공중화장실에서도 만날 수 있다. 벽화 순례를 하는 방법은 두 가지다. 길 위에 그려진 노란 발자국을 따라 벽화 순례를 하는 방법과 마차를 타고 벽화를 둘러보는 방법이다. 벽화 순례도 순례지만, 슈메이너스 거리를 거닐며 골동품이나 기념품을 파는 아기자기한 가게들을 구경하는 것도 이 도시를 즐기는 또 하나의 방법이다.

밴쿠버 아일랜드의 남부 지방은 포도가 자라기에 적합한 온화한 날씨와 좋은 토양을 갖추고 있어 와이너리가 많다. 애플 와이너리인 사이더리도 3개나 있는데, 이 중 빅토리아와 슈메이너스 중간 지점에 자리한 메리데일 사이더리는 북미 최대 규모의 사이더리로 꼽힌다. 보통 '사이다'라고 하면 탄산음료를 떠올리기 쉽지만, 이곳의 사이다는 사과를 블렌딩하는 방법에 따라 알코올 도수가 5~19도나 되는 엄연한 술이다. 사이더리 투어에 참가하면 나무에서 사과를 따는 것에서부터 발효시켜 병에 담는 과정까지 견학할 수 있다. 시음이 가능한 건 당연지사. 점심이 포함된 패키지 투어에는 지역에서 재배한 유기농 재료로 만든 요리가 준비된다. 거창한 요리는 아니지만, 재료 자체가 양념이 되는 맛깔스러운 식사를 즐길 수 있다. 식사와 곁들여 먹는 애플 사이다는 음식의 맛을 한층 높여준다.

(위) 세계 최대 야외 갤러리 슈메이너스의 벽화
(아래) 톰슨 오카나간 지역의 와이너리 투어

캐나다 최대 와인 산지

밴쿠버에서 동쪽으로 4시간을 달리면 캐나다 최대 와인 산지인 톰슨 오카나간 지역에 다다른다. 끝도 없이 펼쳐지는 오카나간 호수에서 즐기는 수상 스포츠도 인기지만, 이곳의 백미는 바로 와이너리 투어다. 큰 일교차과 풍부한 일조량, 주변의 호수들은 포도를 비롯해 사과, 복숭아, 체리 등의 과일이 재배되기에 최적의 조건을 선사한다. 오카나간 와인은 150여 년이라는 짧은 역사에 비해 여러 국제 평가에서 세계적인 수준이라는 찬사를 받고 있다.

톰슨 오카나간 지역에서는 봄·여름·가을·겨울의 4번에 걸쳐 '오카나간 와인 페스티벌'이 열린다. 이 축제는 북미 최고의 이벤트 100위 안에 들 정도로 인기인데, 축제 기간에 크고 작은 와이너리와 레스토랑에서 제공되는 와인 테이스팅을 비롯해 와인 관련 세미나, 콘서트, 와이너리 투어, 와인 경매, 퍼레이드 같은 흥미로운 이벤트에 참가할 수 있다. 수확기인 10월에 열리는 가을 축제에는 톰슨 오카나간 지역의 대표 와이너리들이 올해 최고의 와인 자리를 놓고 경쟁하는 '올해의 와인 시상식'과 톰슨 오카나간 지역의 60여 개 와이너리에서 생산된 250여 종의 와인을 시음할 수 있는 '웨스트젯 와인 테스팅'이 열린다. 겨울에는 영하 10도 이하의 날씨 속에서 수확한 차갑게 언 포도를 발효해 만든 아이스 와인을 테마로 하는 '아이스 와인 페스티벌'이 열린다.

_윤영주

여행 정보

HEY! Get ready!

How to get there

대한항공과 에어캐나다에서 인천-밴쿠버 구간 직항편을 매일 운항한다. 소요 시간은 약 9시간 40분이다.

Where to go

● **개스타운**Gastown : 지금의 밴쿠버가 시작된 밴쿠버의 발상지다. 개스타운이라는 지명은 술집 주인 존 디톤(John Deighton)의 이름에서 따온 것으로, '수다스러운 잭'이라는 뜻의 그의 별명 '개시 잭'이라고 불렸다고 한다. 19세기 고풍스러운 모습을 간직한 길 양옆으로 다양한 상점들이 포진해 있고, 15분마다 한 번씩 '피식' 소리를 내며 증기를 내뿜는 명물 시계는 개스타운 단골 촬영 장소다.

URL. www.gastown.org

● **캐필라노 협곡**Capilano Canyon : 110년 전에 만들어진 높이 70m, 길이 140m의 현수교 캐필라노 서스펜션 브리지(Capilano Suspension Bridge)가 유명하다. 스탠리 공원에서 라이언스 게이트 다리를 건너면 숲이 울창한 고급 주택가의 노스 밴쿠버가 나오는데, 이곳에 그라우스 마운틴과 캐필라노 협곡이 자리한다. 아찔한 계곡 위에 매달린 캐필라노 서스펜션 브리지를 건너는 기분은 스릴 만점. 다리 양옆으로 울창한 원시림이 더해져 더욱 극적인 장면이 연출된다.

ADD. 3735 Capilano Rd., North Vancouver URL. www.capbridge.com

●**페어몬트 엠프레스 호텔**The Fairmont Empress Hotel

이너하버에서 단번에 시선을 사로잡는 건물이다. 고성을 연상시키는 운치 있는 건물은 단순히 호텔을 넘어 빅토리아의 관광명소로 자리 잡았다. 호텔 내부도 누구나 자유롭게 둘러볼 수 있다. 초창기 호텔 모습과 역사를 보여주는 전시실이 지하에 마련되어 있다. 이 호텔은 영국의 전통을 이어받은 애프터눈 티도 유명하다.

ADD. Government St., Victoria

URL. www.fairmont.com/empress

●**주의사당**The Parliament Building : 이너하버에서 푸른색 돔형 지붕의 멋진 대리석 건물을 발견했다면 바로 주 의사당이다. 페어몬트 엠프레스 호텔과 빅토리아의 주요 건물을 설계한 프랜시스 래튼버리(Francis Rattenbury)가 설계했다. 20분 간격으로 진행되는 무료 가이드 투어에 참가하면 회의장과 의회 등을 관람할 수 있다(단, 의회가 열리는 동안에는 견학할 수 없다). 빅토리아 역사의 한 장면을 묘사한 거대한 벽화도 놓치지 말 것.

ADD. 501 Belleville St., Victoria

●**로열 브리티시 컬럼비아 박물관**Royal BC Museum

캐나다의 광활한 자연을 디오라마와 재현 모형을 통해 생생하게 체험할 수 있다. 2~3층이 전시실로 꾸며져 있는데, 전시물을 보고 듣고 냄새까지 맡을 수 있게 2층 자연사관이 흥미롭다. 3층의 근대 역사관은 100년 전 거리와 상점이 그대로 재현되어 있어 당시의 생활상을 엿볼 수 있다.

ADD. 675 Belleville St., Victoria

URL. royalbcmuseum.bc.ca

Where to eat

● **그랜빌 아일랜드 퍼블릭 마켓**Granville Island Public Market

밴쿠버 다운타운 남쪽의 그랜빌 다리 아래에 있는 그랜빌 아일랜드는 밴쿠버에서 미식 여행을 하기에 최적의 장소다. 1970년대까지 공장 지대였던 곳이 마켓, 소규모 갤러리, 극장, 브루어리 등이 있는 매력적인 상업 지구로 탈바꿈했다. 신선한 채소와 과일, 육류와 생선, 햄과 치즈가 잔뜩 쌓여 있는 마켓을 둘러보고 다양한 음식으로 구애를 하는 레스토랑에서 식사도 즐길 수 있다.

ADD. granvilleisland.com/public-market

Where to stay

● **델타 빅토리아 오션 포인트 리조트**Delta Hotels by Marriott Victoria Ocean Pointe Resort

이너하버 북쪽 해안에 있는 고급 리조트다. 객실 창밖으로 펼쳐진 이너하버의 풍경을 만끽할 수 있도록 배려해 침대를 높게 만들었다. 빅토리아 다운타운까지 무료 셔틀버스가 운행된다.

ADD. 100 Harbour Rd., Victoria

URL. www.marriott.com

Suggestion Schedule

1 Day

오전 : 밴쿠버 국제공항 도착

오후 : 개스타운, 스탠리 파크 등 밴쿠버 시내 관광

2 Day

오전 : 그라우스 마운틴, 캐필라노 협곡 등 노스 밴쿠버 관광

오후 : 빅토리아로 이동

밤 : 이너하버에서 야경 감상

3 Day

오전 : 주 의사당, 왕립 브리티시 컬럼비아 박물관 등 빅토리아 시내 관광

오후 : 부차트 가든 관람

4 Day

오전 : 메리데일 사이더리로 이동 후 와이너리 투어

오후 : 슈메이너스로 이동 후 벽화 둘러보기

5 Day

오전 : 톰슨 오카나간 지역으로 이동

오후 : 와이너리 투어 및 와인 테이스팅

6 Day

오전 : 밴쿠버로 이동

오후 : 밴쿠버 국제공항 도착 후 한국행 비행기 탑승

7 Day

오전 : 인천 국제공항 도착

홀리루드 공원에서 본 에든버러 시내 풍경, 스코틀랜드 에든버러

오로라 투어, 캐나다 포트 맥머리 © Destination Canada

에코 ___ 여행

이토록 아름다운 빛이 있을까

캐나다 오로라와 눈꽃 열차

클래식한 내부의 눈꽃 열차

현실에서 마주하는 비현실

정확히 몇 살이었는지 기억은 나지 않지만, 한 다큐멘터리에서 본 오로라에 두 눈을 의심했던 적이 있다. 캄캄한 밤하늘에 초록빛을 내뿜으며 춤을 추듯 내려오는 오로라가 자연 현상이라는 사실이 도무지 믿기지 않았다. 내 눈으로 직접 보기 전까지는 믿을 수 없다며, 나는 버킷 리스트 맨 위에 '오로라 여행'이라고 적었다.

오로라는 '새벽'이란 뜻의 라틴어로, 프랑스의 과학자 피에르 가센디가 로마 신화에 나오는 여명의 신 '아우로라Aurora'의 이름을 따서 지었다. 북쪽에서 시작되어 '북극의 빛Northern Lights'이라고도 부른다.

오로라를 과학적으로 정의하자면 '태양 표면의 폭발로 우주 공간에서 날아온 전기를 띤 입자가 지구 자기 변화에 의해 대기 중 산소 분자와 충돌해서 일어나는 현상'이다. 지구에서 관측되는 오로라는 지상 100km 상공에 나타난다. 오로라가 초록색으로 보이는 이유는 초록색, 빨간색, 흰색 등의 색깔을 띠지만, 대부분이 초록색이기 때문이다. 모양을 수시로 바꾸며 빠른 속도로 움직일 때 그 아름다움은 배가된다.

오로라는 보통 8월 말에서 10월 중순, 11월 말부터 4월 중순에 관측된다. 오로라는 1년 내내 나타나지만, 오로라를 관측할 수 있는 도시 대부분이 높은 위도에 있어 백야 현상이 일어나는 5월부터 8월까지는 어두워지지 않아 오로라를 볼 수 없다. 대기가 깨끗한 날에 관측할 수 있는 확률이 높으므로 겨울밤이 최적의 시기다.

오로라는 전 세계를 통틀어 북위 60~80도 지역의 몇 군데에서만 관측이 가능하다. 캐나다에서는 북위 62도에 위치한 노스웨스트 준주에 속하는 옐로나이프, 캐나다 북서쪽 끝에 위치한 유콘 준주의 주도인 화이트호스, 앨버타주의 포트 맥머리에서 관측된다. 그중에서도 포트 맥머리는 캐나다에서 오로라가 관측되는 다른 지역에 비해 공항이 있어 접근성이 훌륭하고 뛰어나고 높은 산이 없어 날씨의 영향을 적게 받는다.

캐나다 포트 맥머리로 떠난 여행에서 나의 버킷 리스트 맨 위를 차지하고 있던 오로라와의 만남은 마침내 현실로 이루어졌다. 차디찬 겨울밤, 오랜 기다림 끝에 거짓

말처럼 오로라가 모습을 드러내자 그 어떤 감탄사도 나오지 않았다. 모든 것을 압도하는 경이로움에 그저 마음을 빼앗겼을 뿐. 칠흑같이 어두운 밤하늘을 찬란하게 물들이는 오로라는 짧게는 몇 분, 길게는 2시간까지 영롱한 자태를 드러내며 평생 잊지 못할 아름다운 밤을 선사했다.

독특한 겨울 액티비티는 덤일 뿐

오로라 투어를 하는 3일 동안의 핵심 일정은 물론 오로라 관측이다. 하지만 오로라 관측 시간 전까지 경험하는 다양한 겨울 액티비티는 캐나다 겨울 여행을 더욱 특별하게 만드는 데 부족함이 없다.

애니메이션 〈겨울왕국〉의 풍경이 실사로 펼쳐진 듯한 눈 덮인 드넓은 벌판을 개썰매를 타고 달렸다. 8~10마리의 시베리안 허스키가 이끄는 썰매에 두 사람이 타게 되는데, 추위를 잊을 만큼 압권이었다. 고요한 설원 위를 기분 좋은 균열을 내며 달리는 기분은 100만 볼트짜리 전기가 통하는 짜릿함 그 이상이었다. 개썰매를 탄 뒤 북미 원주민 전통 방식으로 만든 원뿔형 천막 티피에서 난롯불에 꽁꽁 언 몸을 녹이며 가느다란 나무 꼬챙이에 끼운 마시멜로를 구워 먹는 재미도 각별했다.

스노슈즈(설피)를 신고 고즈넉한 캐나다의 겨울을 만끽하는 스노슈잉 또한 이색적이었다. 스노슈잉은 별다른 기술 없이도 누구나 즐길 수 있는 겨울 액티비티다. 박달나무로 만들어진 스노슈즈를 신발 위에 덧신고 아무도 걷지 않은 새하얀 숲길을 걷는 기분이란 정말이지 말로 형용할 수 없는 것이었다. 발걸음을 옮길 때마다 '뽀드득뽀드득' 눈이 부서지는 소리가 청량하게 귓가를 맴돌았다.

시베리안 허스키가 끄는 눈썰매

(위) 천장이 80도 유리로 된 스카이라인 카
(아래) 눈꽃 열차에서 본 캐나디언 로키 설경

캐나디안 로키를 만끽하는 최고의 방법

포트 맥머리에서 돌아올 때는 에트먼턴에서 밴쿠버 구간을 항공편 대신 눈꽃 열차를 이용했다. 캐나다에서 기차를 탄다는 것은 단지 목적지까지 가기 위한 교통수단이 아니라 그 자체가 여행의 목적이 된다. 캐나다의 국영 철도인 비아레일에서 매년 11월부터 3월까지 한시적으로 운행하는 눈꽃 열차에 몸을 실으면 '한 박자 천천히' 움직이는 기차 여행의 로망이 실현된다.

비아레일은 호텔에서 지내는 듯한 편안함을 그대로 누릴 수 있는 것으로 유명하다. 기차 요금에는 객실 1박, 객실 담당 승무원 배치, 전 일정 다이닝 카에서의 식사가 포함되어 있다. 질감 좋은 패브릭이 덮인 다이닝 카의 테이블에 자리를 잡고 앉으면 말끔하게 옷을 입은 웨이터가 메뉴판을 건네는 모습이 마치 고급 레스토랑을 연상시켰다. 클래식한 식기에 애피타이저, 메인, 디저트로 나오는 정찬이 제공되는데, 서너 가지 메뉴 중에서 마음에 드는 음식을 선택할 수 있다. 메인 메뉴 중에서도 최고급 앨버타 쇠고기로 만든 스테이크는 어느 유명 레스토랑 저리 가라 할 정도로 맛있었다.

무엇보다도 눈이 함초롬하게 쌓여 있는 중첩한 산봉우리의 장엄한 경관을 볼 수 있다는 게 눈꽃 열차의 가장 큰 매력이 아닐까. 천장이 180도 유리로 된 스카이라인 카에서 햇살 세례를 받으며 캐나디안 로키의 경치를 파노라마로 즐겼다. 새로운 풍경이 나타날 때마다 여기저기서 감탄사가 터져 나왔다. 경치가 좋은 곳에 다다르면 사진을 찍을 수 있도록 기차를 멈추거나 서행하는 수고도 아끼지 않는 눈꽃 열차 덕분에 캐나디안 로키의 겨울 정취를 맘껏 만끽할 수 있었다. _**윤영주**

여행 정보

HEY!
Get ready!

How to get there

한국에서 포트 맥머리까지 직항편이 없어 2회 인천-밴쿠버 국제선과 밴쿠버-애드먼턴, 애드먼턴 포트 맥머리 국내선 티켓을 구입해야 한다. 대한항공, 아시아나항공에서 밴쿠버행 직항편을 운항하고 있지만, 국내선까지 한 번에 예약할 수 있는 에어캐나다를 이용할 것을 권한다. 인천에서 밴쿠버까지는 10시간, 밴쿠버에서 포트 맥머리까지는 3시간 30분 정도 소요된다.

Where to go

● 오일샌드 디스커버리 센터 The Oil Sands Discovery Centre

포트 맥머리에는 1,759억 배럴에 달하는 오일샌드가 매장되어 있다. 세계에서 가장 많은 양으로 캐나다는 사우디아라비아에 이어 제2의 산유국이 되었다. 오일샌드 디스커버리 센터는 1985년에 문을 연 오일샌드 전시관으로, 오일샌드에서 원유를 추출하는 원리를 간단한 실험을 통해 알기 쉽게 보여준다. 오일샌드를 채굴하는 거대한 포클레인을 직접 조작해보는 흥미로운 경험도 기다리고 있다.

ADD. 515 MacKenzie Blvd., Fort McMurray

URL. www.oilsandsdiscovery.com

● 비스타 릿지 스키 리조트 Vista Ridge Ski Resort

300명의 스키어와 100명의 스노보더를 수용할 수 있는 스키장이다. 산을 훼손하지 않고 만든 자연 친화적 슬로프의 보슬보슬한 파우더 스노 위에서 스키를 즐길 수 있다. 어린 시절 누구나 한 번쯤 타봤음 직한 튜브 타기에도 도전해보자.

ADD. PO Box 5252 Fort McMurray

URL. www.vistaridge.ab.ca

What to do

● 오로라 투어

© Destination Canada

오로라는 개인적으로 가는 것보다 오로라 전문 가이드 투어를 이용할 것을 추천한다. 포트 맥머리에서 20년 동안 오로라 투어를 운영하는 '알타캔 오로라 투어(Alta-can Autota Tours)'를 통해 투어를 예약하면 공항 픽업에서부터 숙박과 식사가 모두 포함되어 있어 편리하다. 오로라 투어는 최소 3일부터 시작된다. 포트 맥머리에 3일 정도 머물 경우 오로라를 볼 수 있는 확률은 94% 이상 되기 때문이다.

● 보릴 숲 야간 트레킹

오로라 관측은 오랜 기다림을 필요로 한다. 언제 나타날지 모르는 오로라를 보기 위해 하늘 바라기만 하지 말고 관측소 주변의 보릴 숲(Boreal Forest)으로 야간 트레킹을 떠나보자. 두꺼운 눈을 이고 있는 울창한 전나무 사이를 걷고 있으면, 날씨는 추워도 이루 말할 수 없는 상쾌함이 느껴진다. 이곳에 서식하는 야생동물과 식물도 관찰할 수 있다.

일몰 보러 가기

포트 맥머리는 위도상으로 북쪽에 더 가까워서 겨울이 되면 오후 3~4시에 해가 지기 시작한다. 이 시간에 맞춰 클리어워터강과 아타바스카강이 만나는 합류점에 가면 눈부신 설경 위로 벌겋게 내려앉은 근사한 일몰을 감상할 수 있다.

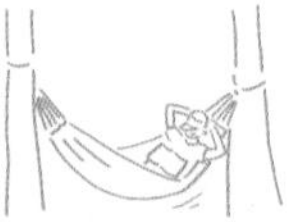

Where to stay

소우리지 인 & 컨퍼런스 센터Sawridge Inn & Conference Center

격자 유리로 된 입구에 들어서면 높은 나무 천장이 인상적인 스위스 샬레풍의 로비가 펼쳐진다. 객실과 연결되는 로비 옆 공간에는 울창한 나무와 우거진 정원, 수영장과 자쿠지가 있다. 오로라를 보려는 여행객이 많이 묵어서인지 호텔 곳곳에 오로라 사진이 걸려 있다. 객실 수준은 무난한 편이다.

ADD. 1200 Main Street South Slave Lake, Alberta

URL. www.sawridgefortmcmurray.com

Suggestion Schedule

1 Day

오후 : 포트 맥머리 공항 도착 후 숙소에서 환영 파티 및 오로라 시청각 교육

밤 : 오로라 관측

2·3 Day

오전/오후 : 개 썰매, 스노슈잉 등 액티비티 체험

밤 : 오로라 관측

4 Day

오전 : 애드먼튼으로 이동

오후 : 눈꽃 열차 탑승 후 파노라마처럼 펼쳐지는 캐나디안 로키 감상하기

5 Day

오전 : 밴쿠버 퍼시픽 센트럴역 도착

오후 : 밴쿠버 국제공항 도착 후 한국행 비행기 탑승

6 Day

오전 : 인천 국제공항 도착

어린 왕자와 바오바브나무

마다가스카르

바오바브나무와 일몰, 모론다바

여우원숭이와 바오바브나무가 있는 섬나라

"윤기자, 마다가스카르 취재 갈래?

마다가스카르라는 미지의 땅에 발을 디딘 건 2006년이었다. 여행 잡지 기자 시절, 우연한 기회에 마다가스카르 취재가 잡혔다. 당시만 해도 마다가스카르라는 나라는 생소했다. 더구나 한국에서 마다가스카르로 취재하러 가는 건 내가 처음이라는 말이 돌 정도였으니, 당연히 한국어로 된 가이드북이나 제대로 된 자료도 없었다. 출발 전날까지 마감에 쫓기다가 서점에서 영문판 론리플래닛『마다가스카르 & 코모도』를 급하게 샀다. 처음 가는 아프리카 여행이었던 만큼 그 어떤 취재보다 기대가 되었다. 하지만 그 기대도 잠깐, 마다가스카르행 비행기 안에서 펼친 가이드북을 보면서 나는 실망감을 감추지 못했다. 마다가스카르는 위치상 아프리카에 속해 있지만, 아프리카 대륙 남동쪽에 위치해 있어 무리를 지어 이동하는 얼룩말도, 먹이를 찾아 광활한 초원을 질주하는 사자도, 하얀 모래바람을 일으키는 코끼리도, 으레 '아프리카' 하면 떠오르는 풍경을 찾아볼 수 없는 곳이었다.

하지만 마다가스카르는 지구상 어디에서도 존재하지 않는 희귀 동식물의 보고지다. 세계에서 네 번째로 큰 섬인 마다가스카르에는 서식하고 있는 20만 종의 동식물 중 70%가 다른 곳에서는 발견되지 않는 종들이다. 비록 사자와 코끼리는 없지만, 마다가스카르에서는 여우원숭이를 비롯해 세계적으로 희귀한 다양한 동식물을 만날 수 있다. 마치 동식물 백과사전을 보는 듯한 자연 탐구도 매력적이었지만, 무엇보다 나를 흥분시킨 것은 바로 바오바브나무였다.

마다가스카르 서부에 위치한 조용한 해안 마을 모론다바에서는 하늘과 맞닿을 듯이 솟아 있는 바오바브나무를 볼 수 있다. 바오바브나무가 길 양쪽으로 우뚝 서 있는 바오바브 애비뉴 대로를 걷다 보니 생텍쥐페리의 소설『어린 왕자』에 나오는 소행성 B612에 온 듯한 착각에 빠져들었다. 여우원숭이와 바오바브나무가 있는 마다가스카르, 그곳은 진정 매력적인 곳이었다.

(위) 마다가스카르의 수도 안타나나리보
(아래) 타나의 거리를 따라 늘어선 노점, 안타나나리보

아프리카 속 유럽, 안타나나리보

'천 명의 무사 마을'이라는 뜻을 지닌 마다가스카르의 수도 안타나나리보의 이름은 과거 적들의 침입에 맞서 싸운 전사를 기리기 위해 붙여졌다. 현지인들은 그 이름을 줄여서 '타나'라고 부른다.

타나는 1895년 프랑스군에 점령당했을 당시 프랑스에 의해 도시 계획이 이루어졌다. 이후 65년간 프랑스 식민지 경영의 중심지가 되었다가 1960년 프랑스로부터 독립해 오늘날 마다가스카르의 정치 경제 중심지 역할을 하고 있다. 식민지 시대의 낡고 고풍스러운 건물 사이로 30~40년은 넘었음 직한 오래된 르노 자동차가 달리는 도심은 아프리카보다는 유럽의 어느 도시에 와 있는 듯한 느낌이 들었다.

1980년대 한국 풍경을 떠올리게 하는 타나의 시내를 돌며 그들의 일상을 엿보았다. 도심 한가운데 자리한 아노시 호수는 타나 시민들의 휴식처 역할을 했다. 자카란다 나무가 온통 보라색 꽃으로 물드는 10월의 아노시 호수는 그 아름다운 자태를 더욱 뽐내며 나의 발길을 붙잡았고, 호수 주변을 산책하러 나온 가족 나들이객과 연인들의 모습에 주말 오후의 느긋함을 한껏 누릴 수 있었다.

로바는 마다가스카르 왕국의 궁성 지역으로, '여왕의 궁전'로 불리는 만자카미아다나는 1995년 화재로 전소되었다가 2013년 재건축되었다. 타나 최고의 전망 포인트이기도 한 이 성은 일몰 무렵에 가면 더욱 멋진 경치를 감상할 수 있다.

타나 시내에는 몇몇 시장이 있는데, 관광객은 물론 현지인들로 늘 발 디딜 틈 없이 북적인다. 내가 찾은 곳은 삼각 지붕의 상가들이 길게 연결된 아날라켈리 재래시장이었다. 길 양옆으로 빽빽하게 들어선 노점에서는 채소나 과일, 커다란 고기가 주렁주렁 매달려 있는 정육점, 옷이나 신발 등을 팔고 있었다. 역시 낯선 곳에서 시장 구경만큼 재미있고 신나는 일은 없다.

자연 생태계의 보고

안다시베는 마다가스카르에서 생태계가 가장 잘 보존된 에코 여행의 낙원이다. 인드리원숭이와 카멜레온, 보아뱀을 비롯해 마다가스카르에서만 발견되는 희귀한 새 등 다양한 야생 동물이 이곳에 서식하고 있다. 타나에서 안다시베까지는 마다가스카르 전역을 연결하는 교통수단인 택시브루스를 타고 갈 수 있다. 타나에서 북쪽으로 150km 떨어져 있지만, 꼬불꼬불한 산길을 달려야 하는 탓에 안다시베까지는 3~4시간 정도 걸린다. 안다시베로 가는 길목에는 모라망가라는 작은 마을이 있는데, 흙으로 만든 마다가스카르의 전통 가옥과 소를 모는 농부 등 한가로운 시골 풍경을 감상하며 잠시나마 여유로운 시간을 보낼 수 있다.

에코 여행를 위한 안다시베의 첫 번째 목적지는 바코나 포레스트 롯지에서 운영하는 사설 보호 구역이다. 울창한 산림을 따라 꼬불꼬불한 길을 지나면 바코나 포레스트 롯지의 간판이 보인다. 차를 타고 조금 더 들어가자 호텔이 있을 거라곤 도저히 믿기지 않은 곳에 건물이 우뚝 서 있었다. 숙소에 여장을 푼 뒤 바나나를 챙겨 카누를 타고 여우원숭이가 있는 작은 섬으로 갔다. 숲속을 걷고 있으니 어디선가 나타난 여우원숭이가 들고 있는 바나나를 순식간에 낚아채 갔다. 처음에는 갑작스러운 여우원숭이의 등장에 놀랐지만, 곧 먹이를 주는 재미에 빠져들었다. 사람들에게 익숙해서 그런지 천연덕스럽게 어깨에 앉아 바나나를 먹는 모습에는 웃음이 절로 났다.

아날라마자오트라 국립공원에는 여우원숭이 중 가장 몸집이 크고 유일하게 꼬리가 없는 인드리원숭이를 찾는 사파리 프로그램이 준비되어 있다. 2시간이 소요되는 인드리1 코스와 3시간이 소요되는 인드리2 코스, 4시간이 소요되는 어드벤처 코스 중에 고를 수 있다. 나는 인드리1 코스를 선택했다. 가이드와 함께 인드리원숭이 울음소리가 녹음된 녹음기를 가지고 다니며 야생에서 사는 인드리원숭이를 찾아나섰다.

그렇게 한참 숨바꼭질을 하는데 의기양양한 표정으로 "찾았다"고 말하며 가리킨 가이드의 손끝에는 나무 위에 앉아 있는 인드리원숭이가 있었다. 저녁에는 나이트

(위) 바코나 포레스트 롯지 내부, 안다시베
(아래) 마다가스카르의 상징 여우 원숭이, 안다시베

몸 길이 70cm에 까지 이르는 거대한 몸집의 인드리원숭이

사파리를 즐겼다. 손전등 하나에 의존한 채 아이아이 같은 야행성 여우원숭이와 나방, 거미처럼 밤에 활동하는 동물들을 찾아나서는 나이트 사파리는 낮과는 또 다른 모험을 할 수 있다.

어린 왕자와 함께 소행성을 거닐다

마다가스카르 어디서나 바오바브나무를 볼 수 있는 건 아니다. 바오바브나무는 마다가스카르 서부와 북부 지역에서만 자란다. 바오바브나무 군락지가 있는 모론다바는 마다가스카르 에코 여행의 화룡점정이다. 타나에서 모론다바까지는 경비행기를 타고 가는 방법과 택시부르스를 타고 가는 방법이 있는데, 경비행기를 추천한다. 좁은 차 안에 앉아 장장 15시간 동안 옴짝달싹 못 하기 때문이다.

바오바브나무 군락지 바오바브 애비뉴는 모론다바 중심에서 북쪽으로 15km 떨어진 곳에 있다. 포장도로를 30분, 비포장도로를 30분 정도 달리면, 신이 실수해서 거꾸로 심었다는 바오바브나무가 보인다. 마치 뿌리가 하늘을 향해 뻗어 있는 듯한 모습은 신기하기 그지없었다. 바오바브나무는 주변의 물을 다 흡수하는 성질 때문에 군락지를 이루기가 쉽지 않은데, 세계에서 유일하게 마다가스카르에 군락지를 이루고 있다. 대개 600~700년 된 바오바브나무들로 이루어져 있는데, 그중에는 4,000~5,000년 된 나무들도 있다.

사랑하는 연인이 헤어지기 싫어서 안은 채 나무가 되어버렸다는 뜻을 지닌 '아무르 바오바브나무'는 이곳 군락지의 마스코트로, 마치 우리나라의 연리지를 연상시킨다. 하늘과 맞닿을 듯한 엄청난 크기의 바오바브나무 사이를 걸으며 탄성을 내지르다 보니 어린 왕자가 있던 소행성 B612에 와 있는 듯한 착각이 들었다. 일몰 무렵이 되자 붉게 물든 햇살과 바오바브나무의 실루엣이 어우러져 몽환적인 분위기가 연출되었다. 그 광경은 카메라 셔터를 누르지 않고서는 못 배길 정도였다.

바오바브나무는 마다가스카르 북서부 해안에 있는 마하장가에서도 볼 수 있다. 마다가스카르에서 두 번째로 큰 항구로, 스와힐리어로 '꽃의 도시'라는 뜻이다. 과거 인도나 이슬람 사람들과의 왕래가 잦았던 곳이었던 만큼 아랍식으로 지어진 집들은 물론 곳곳에 있는 모스크와 성당이 독특한 분위기를 자아낸다.

(위) 흑소로 만든 스테이크 제부
(아래) 마다가스카르 특산품인 커피, 옥수수, 바닐라, 콩

마다가스카르 음식 이야기

밀을 주식으로 하는 아프리카의 여느 나라와는 달리 마다가스카르 음식에서 빠질 수 없는 것은 쌀이다. 그 이유는 마다가스카르 현지인들을 일컫는 말라가시인의 대부분이 인도네시아계로 불리는 아시아계 인종이기 때문이다. 그들은 5~6세기경에 무인도였던 마다가스카르에 들어온 것으로 알려져 있다. "온종일 쌀을 먹지 못한 말라가시인은 잠을 이루지 못한다"라는 말이 있을 정도로 쌀밥에 쇠고기 스튜Hen'omby, 쌀밥에 생선Hen'andrano, 쌀밥에 닭고기Hen'akoho, 쌀밥에 데친 채소Bredes 등 그들은 쌀 없는 요리는 먹지 않는다. 형편이 넉넉지 못한 서민들은 밥에 따뜻한 물과 '로Ro'라고 불리는 소스를 곁들인 채소를 함께 먹기도 한다.

고기는 인도 혹소인 '제부'를 즐겨 먹는다. 질이 좋은 고기는 스테이크로, 질이 떨어지는 고기는 작게 잘라 국에 넣어 먹는다. 자연에서 벌레를 잡아먹고 자란 닭고기는 육질이 쫄깃한 것이 특징인데, 길거리 음식점인 '호텔리스'에서 부담 없는 가격으로 맛볼 수 있다. 안타나나리보 같은 내륙 지방에서는 해산물이 비싼 데다 찾아보기 힘들지만, 모론다바나 노시베 같은 해안 지방에서는 새우, 바닷가재 같은 해산물을 저렴하게 맛볼 수 있다. 단, 돼지고기는 마다가스카르 대부분 지역에서 터부시하는 음식이라 중국 레스토랑을 제외하고는 찾아보기 어렵다.

마다가스카르의 대표적인 특산물은 커피다. 마다가스카르는 서쪽으로 아프리카의 주요 커피 생산국 모잠비크가 가깝고, 동쪽으로 커피의 성지 중 하나인 레위니옹과 인접해 연간 100만 포대에 달하는 커피가 생산된다. 프랑스의 영향을 받아 마다가스카르 사람들에게는 차보다 커피가 대중적인데, 마다가스카르 전체 수출량 중 커피가 45%를 차지하고 있다. 또 하나의 특산물은 바닐라다. 전 세계 바닐라 생산량의 90%를 차지하고 있는데, 마다가스카르의 바닐라는 향긋함과 달콤함이 살아 있는 것으로 유명하다. _**윤영주**

여행 정보

HEY! Get ready!

How to get there

마다가스카르까지의 직항편은 아직 없어 에티오피아항공을 이용하여 아디스 아바바를 1회 경유하는 노선이 최단 노선이다. 인천에서 아디스 아바바까지는 약 13시간, 아디스 아바바에서 안타나나리보까지는 약 5시간이 소요된다. 안타나나리보에서 모론다바까지 가는 국내선은 마다가스카르항공으로 별도 구입한다.

Where to go

● 침바자자 동물원 Tsimbazaza Zoo

가족 나들이나 소풍 장소로 많은 사랑을 받는 침바자자 동물원은 자연을 벗 삼아 1~2시간 정도 둘러보기 안성맞춤인 곳이다. 수십 종의 여우원숭이를 비롯해 마다가스카르에서만 발견되는 희귀한 동식물들을 만나볼 수 있다. 여우원숭이를 직접 만져보며 먹이를 주는 체험도 할 수 있다. 만약 마다가스카르의 자연과 문화를 좀 더 알고 싶다면 마다가스카르 학술박물관(Musee d'Academie Malgache)을 추천한다. 멸종한 동물의 화석과 과거 생활 모습을 엿볼 수 있는 다양한 물건들이 전시되어 있다.

ADD. Parc Botanique et Zoologique de Tsimbazaza, Rue Kasanga Fernand, Antananarivo 101

URL. http://pbzt.recherches.gov.mg/

● **수공예품 마켓**Marché Artisanal de La Digue

시내에서 이바토 공항 방면으로 4km 떨어진 곳에 100개가 넘는 수공예품 상점이 있다. 여우원숭이 인형, 마그넷 기념품, 보석함, 식탁보 등 다양한 수공예품이 있어 선뜻 하나를 고르기 힘들다. 이곳에서는 특히 마다가스카르 특산품인 커피와 바닐라를 놀랄 만큼 싼 가격에 살 수 있는데, 흥정을 잘하는 것이 관건이다. 오후 5시나 6시부터는 상점이 문을 닫기 시작하므로 방문 시 참고하길 바란다.

ADD. Along the fast road. Towards Ivato International Airport, Antananarivo

Where to buy

● **마키 컴퍼니**Maki Company

여우원숭이는 영어로 리머(Lemur), 현지어로는 마키(Maki)다. 앙증맞은 여우원숭이가 그려진 깜찍한 원색 티셔츠를 살 수 있는 매장이다. 마키 매장은 마다가스카르 곳곳에 있는데, 마다가스카르 물가에 비하면 꽤 비싼 편이다. 하지만 여우원숭이의 유혹을 떨쳐버리기란 쉽지 않다.

ADD. 76 rue du lieutenant Lieutard Tsiazotafo, 101 Antananarivo

URL. www.maki-company.com

Where to stay

● **바코나 포레스트 롯지**Vakona Forest Lodge : 호텔 전체가 꽃나무로 우거져 있어 싱그러움으로 가득하다. 방갈로 스타일로 된 객실에는 TV나 전화가 없어 잠시 세상과 단절해 휴식을 취하는 듯한 느낌을 준다. 호텔 내 레스토랑은 수준 높은 음식과 서비스가 유명해 지역 주민들도 많이 찾는다.

ADD. Bp 750, Andasibe 101 URL. www.hotelvakona.com

● **포니 알라 호텔**Feon'ny Ala Hotel

아날라마자오트라 국립공원 바로 옆에 있어 알람 대신 인드리 원숭이의 울음소리를 들으며 잠에서 깰 수 있는 호텔이다. 호텔 이름의 뜻이 '숲의 노래'라는 이유가 여기에 있다. 호텔 주변에 마땅한 식당이 없으므로 호텔 내에 마련된 유럽식 메뉴와 중국식 메뉴가 준비된 레스토랑을 이용할 수 있다. 이곳의 추천 메뉴는 네 가지 메뉴로 구성된 점심 메뉴다. 창밖의 울창한 숲을 감상하며 식사를 즐길 수 있다.

ADD. Hotel Feon'ny Ala Andasibe

URL. www.feonnyala-hotel.com

● **호텔 바오바브카페**Hotel Baobab Café

모론다바 해변에서 돋보이는 리조트다. 특히 유럽에서 온 장기 투숙객이 많이 찾는다. 호텔 내에 수영장이 딸려 있고, 객실마다 에어컨, 냉장고, 미니 바 등이 갖추어져 있다.

ADD. Rue de L'independance, Morondava 619

URL. www.baobabcafe-hotel.net

Suggestion Schedule

1 Day

오전 : 안타나나리보 이바토 국제공항 도착

오후 : 침바자자 동식물원, 아노시 호수, 로바 등 안타나나리보 시내 관광

밤 : 아날라켈리에서 쇼핑

2 Day

오전 : 안타나나리보에서 안다시베로 이동

오후 : 포레스트 롯지 사설 보호 구역 내 여우원숭이 관찰지, 악어 농장 관람

밤 : 아날라마자오트라 국립공원 나이트 사파리

3 Day

오전 : 아날라마자오트라 국립공원 인드리원숭이 투어

오후 : 안다시베에서 안타나나니보로 이동

4 Day

오전 : 안타나나리보에서 모론다바로 이동

오후 : 바오바브 애비뉴에서 바오바브나무와 조우

밤 : 전통 공연 감상

5 Day

오전 : 모론다바에서 안타나나리보로 이동

안타나나리보 이바토 국제공항 도착 후 한국행 비행기로 환승

6 Day

오전 : 인천 국제공항 도착

스위스를 가장 스위스답게 여행하는 방법

스위스 하이킹

목기적인 풍경이 펼쳐지는 하이킹 코스

자연과 하나 되다

두 발로 자연을 온전히 느낄 수 있는 여행을 떠나고 싶었다. 교통수단을 이용해 목적지까지 뚝딱 가는 대신 발길에 닿는 흙의 감촉을 느끼고 향긋한 야생화 향기를 맡으며, 흐르는 시냇물 소리를 음악 삼아 한 걸음 한 걸음을 만끽하는 그런 여행. 내게 스위스는 그런 곳이었다. 미세먼지라고는 찾아볼 수 없는 맑고 신선한 공기, 드넓게 펼쳐지는 파란 하늘, 바닥이 훤히 보이는 투명한 호수를 원없이 감상하며 하이킹을 즐길 수 있는 곳이다.

스위스에는 6만 5,000km라는 지구 한 바퀴 반 정도에 해당하는 트레일이 조성되어 있다. 만년설을 살포시 얹은 봉우리를 향한 등반, 너른 들판을 지나는 하이킹, 빙하를 내려다보며 걷는 트레킹, 계단식 포도밭 사이를 걷는 길 등 스위스 전역의 다채로운 풍광을 촘촘하게 잇는 하이킹 트레일이 있다. 게다가 스위스의 트레일은 다양한 난이도로 코스가 짜여 있어 비기너부터 전문가까지 누구나 할 수 있다. 등산 초보에 저질 체력인 나도 해발 4,000m급 고봉이 즐비한 스위스 하이킹에 도전했다. 산악 열차나 케이블카를 타고 정상에서 가까운 역에서 내려 1~2시간의 짧은 코스를 걷거나 산 정상에서 완만한 능선을 따라 산 아랫마을로 내려오는 코스를 선택할 수도 있었지만, 나는 오롯이 자연 그대로를 느끼고 싶었다.

스위스에서의 첫 번째 하이킹지는 마이엔펠트였다. 캐나다에 『빨간 머리 앤』이 있다면 스위스에는 『알프스 소녀 하이디』가 있다. 『빨간 머리 앤』이 유명해지면서 캐나다의 프린스 에드워드 아일랜드가 '빨간 머리 앤'의 마을이 되었듯이, 인구가 3,000명도 채 되지 않는 시골 마을 마이엔펠트는 '알프스 소녀 하이디'의 마을이 되었다. 이 마을에는 소설 속 하이디가 살던 가상 마을을 실제로 재현한 '하이디 마을'과 동화 속 이야기를 생생히 체험할 수 있는 '하이디 트레일'이 조성되어 있다. 싱그러운 포도밭을 지나 하이디 집과 『알프스 소녀 하이디』의 저자 요한나 슈피리어 박물관까지 둘러보는 코스로 트레일을 걷다 보면 한가로이 풀을 뜯는 양 떼와 소 떼가 있는 목가적인

경이로운 자연을 몸소 체험할 수 있는 알레치 빙하 트레킹

풍경과 드넓은 포도밭 풍경이 두 눈 가득 펼쳐진다. 길을 따라 설치된 삽화로 표현된 이정표는 하이디 이야기를 조곤조곤 들려주는 듯했다.

봐도 봐도 질리지 않는 자연의 경이로움

빙하를 곁에 두고 하이킹을 하는 특별한 경험도 스위스라면 가능하다. 길이 23km의 알레치 빙하는 유럽에서 가장 긴 빙하다. 영화로도 제작된『반지의 제왕』의 저자 J. R. R 톨킨이 여기서 영감을 받아 집필했다고 하면 그 웅장함이 다소나마 머릿속에 그려질까. 6만 년 전에 생성된 알레치 빙하는 지질학적인 가치를 인정받아 유네스코 세계자연유산으로 지정되었다. 무게가 270억 톤에 달한다는 빙하의 무게는 전 세계 인구가 6년 동안 마실 수 있는 양의 물이라고 하니 실로 어마어마한 무게다. 해발 1,905m 위에 자리한 빙하 마을 리더알프나 베트머알프를 시작점으로 하는 트레킹 코스는 깊이를 가늠하기 어려운 알레치 빙하의 장대함을 내내 눈으로 확인하며 걸을 수 있다.

'리더알프 하이킹'은 완만한 내리막길로 되어 있어 하이킹 초보자나 심지어 어린이와 함께해도 무리가 없는 코스다. 소요 시간도 1시간 30분으로 부담 없다. 반면 베트머호른을 출발하는 '알레치 빙하 파노라마 루트'는 총 거리 11km, 소요 시간 4시간으로 리더알프 하이킹에 비해 긴 코스다(베트머호른까지는 베트머알프에서 곤돌라를 타고 갈 수 있다). 베트머호른에서 산의 경이로움에 탄복하며 하이킹 루트를 따라가다 보면 텔리크라트 터널을 통과하게 되고 베트머알프에 다다르게 된다.

저질 체력인 나는 처음에는 쉬운 '리더알프 하이킹'을 선택하려고 했다. 하지만 알레치 빙하를 볼 수 있는 3개의 전망대 중 가장 높은 전망대인 베트머호른에 오르고 싶어 '알레치 빙하 파노라마' 루트에 도전했고, 결과적으로 옳은 선택이었다. 바위가 많은 코스를 지나면 잘 조성된 산길이 나와 하이킹 내내 지루할 틈이 없었다. 트레킹 코스 중간마다 빙하 쪽을 향해 놓여 있는 벤치도 인상적이었다. 타박타박 걷다가 잠시 쉬어 갈 겸 앉았다가 그 풍경에 넋을 잃고 그만 오래도록 앉아 있곤 했다. 봐도 봐도 질리지 않는 풍경이었다.

알레치 빙하가 있는 발레 지역에는 알프스의 아이콘 마테호른4,478m을 품고 있는 거점 지역인 체르마트가 있다. 마테호른은 우리에게 영화사 파라마운트의 심벌로 친숙한데, 청명한 하늘과 코끝이 시릴 정도로 쾌청한 공기를 지닌 체르마트에서는 마을 어디에서나 마테호른의 위풍당당한 풍경을 볼 수 있다. 마테호른을 가까이에서 보는 가장 편한 방법은 체르마트에서 고르너그라트 열차를 타고 고르너그라트역에서 내려 전망대에 올라 마테호른의 전경을 만끽한 뒤 체르마트로 돌아가는 것이다.

하지만 하이킹을 하면서 다양한 각도에서 잘생긴 마테호른을 마주하는 기쁨과는 그 무엇도 견줄 수 없을 것이다. 마테호른에는 400km 달하는 트레킹 코스가 갖춰져 있다. 나는 그중에서도 반짝이는 호수와 드넓게 펼쳐진 꽃밭이 어우러진 '체르마트 5개 호수 길'을 주저 없이 골랐다. 3시간 남짓한 시간을 걸으며 슈텔리제 호수, 그린드예 호수, 그륀제 호수, 무스이예 호수, 라이제 호수, 수정처럼 맑은 5개 호수를 지날 때마다 어김없이 감탄사가 터졌고, 길가에 흐드러지게 핀 이름 모를 야생화는 그 어떤 화려한 꽃보다 아름답게 보였다.

그래도 주인공은 마테호른이었다. 트레일의 시작점인 로트호른3,103m까지 가는 내내 구름에 가려 모습을 드러내지 않았던 마테호른은 로트호른에 내리는 순간 구름 한 점 없는 파란 하늘 사이로 말끔한 모습을 드러냈다. 1년 중 100일 정도만 볼 수 있다는 마테호른은 행운의 상징으로 불리는데, 왠지 좋은 일만 생길 것 같은 기분이 절로 들었다.

(위) 마테호른을 가장 편하게 볼 수 있는 고르너그라트 열차
(아래) 1년 중 100일 정도만 모습을 드러내는 마테호른

(위) 한쪽 손을 들어 올린 프레디 머큐리 동상, 몽트뢰
(아래) 풍요롭게 펼쳐진 계단식 포도밭, 라보

포도밭에서 알알이 힐링

그렇게 멋졌던 알레치 빙하와 마테호른 하이킹은 부작용을 동반했다. 압도적인 풍경을 보느라 미처 길을 걸으면서 만끽하는 자연의 표정을 챙기지 못했다는 아쉬움이 남았다. 한편 알레치 빙하나 마테호른처럼 특출난 구경거리가 없어 기대감이 적어서였을까, 아니면 마음이 조급하지 않아 걸음을 서두를 필요가 없어서였을까? 라보에서 나는 경이로운 자연이 주는 힐링을 맛볼 수 있었다. 로잔과 브베이 사이에 자리한 라보는 도시가 아니라 계단식으로 이루어진 800km^2 규모의 방대한 포도밭 전체를 가리킨다. 부드럽고 따스한 태양 아래서 40km에 이르는 호반 경사면을 따라 끝없이 이어진 포도밭을 따라 걷다 보니, 어느새 마음까지 풍요로워지는 게 느껴졌다. 그 길을 걸을 수 있다는 것만으로도 그곳의 모든 자연이 마치 날 위해 존재하고 있는 것만 같았다.

포도밭을 걷다가 와인 맛이 궁금하면 와이너리에 들러 시음을 해볼 수 있고, 근처에 있는 레스토랑에서 이곳 고유 품종인 샤슬라 와인도 맛볼 수 있다. 빙하가 녹으면서 빙하에 함유된 미네랄이 토양을 비옥하게 만들었기 때문인지 이곳에서는 청포도 계열의 스위스 토착 샤슬라 품종을 경작할 수 있다고 한다.

중세 시대부터 와인의 중심지로 번창했던 브베이와 지척에 있는 몽트뢰는 스위스에서 가장 아름다운 호수 마을로 손꼽히는 데다 예술가들이 사랑해 마지않는 도시이기도 하다. 브베이는 한 시대를 풍미했던 희극 배우 찰리 채플린이 사랑한 도시이며, 몽트뢰는 전설적인 록그룹 퀸의 보컬이자 영화 〈보헤미안 랩소디〉로 친숙해진 프레디 머큐리가 음악 활동을 했던 도시다. 이들 외에도 도스토예프스키, 빅토르 위고 등 많은 예술인이 제2의 고향으로 꼽는데, 도시 곳곳을 둘러보다 보면 왜 그들이 그토록 이 도시를 사랑했는지 느낄 수 있다. _윤영주

여행 정보

HEY! Get ready!

How to get there

대한항공에서 인천-취리히 구간 직항편을 주 3회 운항하고 있다. 소요 시간은 12시간 걸린다.

Where to go

● **라인 폭포**Rheinfall : 유럽에서 가장 큰 규모의 폭포다. 폭 150m, 높이 24m로 낙차는 크지 않지만, 굉음을 내며 박력 있게 떨어지는 폭포가 놀라움을 자아낸다. 입구에서 폭포 방향으로 굽이굽이 내려가는 길에 크고 작은 전망대가 있다. 유람선은 라인 폭포를 제대로 감상하기 위한 방법이다. 다양한 코스와 시간대의 유람선이 운행되고 있다.

ADD. Rheinfallquai, 8212 Neuhausen am Rheinfall **URL.** www.rheinfall.ch

● **시옹 성**Château de Chillon : 스위스를 대표하는 고성이자 매년 35만 명이 넘는 인파가 찾는 스위스 최고의 건축물로, 9세기경 알프스를 넘어오는 상인들에게 통행료를 징수하기 위해 세워졌다. 2개의 원형 벽으로 둘러싸인 25채의 건물과 3개의 정원으로 조성되어 있다. 시옹 성에서 버스를 타거나 걸어서 몽트뢰까지 갈 수 있다.

ADD. Avenue de Chillon 21, 1820 Veytaux **URL.** www.chillon.ch

● **카펠교**Chapel Bridge : 루체른의 랜드 마크인 카펠교는 1332년에 지어진 세계에서 가장 오래된 목조 다리다. 14세기에 세워진 카펠교는 1993년 8월 발생한 화재로 심각하게 손실되었다가 그해 완벽하게 복원되었다. 카펠교를 건너며 스위스 역사와 건국 신화를 묘사한 판화 작품도 관람할 수 있다.

ADD. Kapellbrücke, 6002 Luzern

What to eat

● **가스트슈벤 춤 슐뢰슬리**Gaststuben zum Schlössli

500년 역사의 중세 저택을 개조한 유서 깊은 레스토랑이다. 지역 식재료로 만든 스위스 전통 요리를 맛볼 수 있다. 유네스코 세계문화유산으로 등재된 생갈렌 수도원 지역 내에 있다. 스위스판 미슐랭 점수 격인 고미요(GaultMillau)에서 높은 점수를 받았다. 음식과 찰떡궁합을 이루는 다양한 스위스 동부 지역 와인도 갖추고 있다.

ADD. Zeughausgasse 17, 9000 St. Gallen

URL. www.schloessli-sg.ch

● **르 덱**Le Deck : 레스토랑이지만, 라보 지역의 포도밭과 제네바 호수가 한눈에 내려다보이는 환상적인 전망이 그 어떤 관광지보다 감동을 끌어낸다. 바롱 타베르니에(Le Baron Tavernier) 호텔에 자리하며, 셰브르역에서 그리 멀지 않다. 테라스에 앉아 와인을 마시며 즐기는 풍경은 현실감이 없을 정도로 아름답다.

ADD. Route de la Corniche, 1070 Puidoux- Le Baron Tavernier

URL. www.barontavernier.ch

Where to buy

●프라이탁 플래그십 스토어 Freitag Flagship Store

트렌디한 레스토랑, 카페, 숍이 즐비한 취리히 웨스트(Zürich West)를 걷다 보면 겹겹이 쌓인 화물 컨테이너가 궁금증을 자아낸다. 17개의 화물 컨테이너가 하나의 건물을 이루고 있는 곳으로, 재활용 천막을 이용하여 만든 가방으로 유명한 브랜드 프라이탁의 플래그십 스토어다. 다른 프라이탁 매장보다 제품이 다양해 기념품이나 지인들을 위한 선물을 사기에 안성맞춤이다.

ADD. Geroldstrasse 17, 8005 Zürich URL. www.freitag.ch

Where to stay

●스위스 하이디 호텔 Swiss Heidi Hotel : 하이디 트레일을 걸은 뒤 여유롭게 마을 풍경을 감상하면서 하룻밤을 쉬어 가고 싶은 충동이 인다면, 스위스 하이디 호텔은 꽤 만족스러운 선택이 될 듯하다. 3성급 호텔이지만, 창 너머로 알프스 전망이 펼쳐지는 81개의 객실을 갖추고 있다.

ADD. Werkhofstrasse 1, 7304 Maienfeld

URL. www.swissheidihotel.ch

●3100 쿨룸호텔 고르너그라트3100 Kulmhotel Gornergrat

이름 그대로 해발 3,100m에 자리한 호텔이다. 고르너그라트역에서 전망대로 올라가는 길목에 있어 객실에서 파노라마처럼 펼쳐진 높이 4,000m를 넘나드는 29개의 웅장한 봉우리를 감상할 수 있다.

ADD. Gornergrat 3100m, 3920 Zermatt

URL. www.mygornergrat.com

Suggestion Schedule

1 Day

오후 : 취리히 국제공항 도착

2 Day

오전 : 라인 폭포, 생갈렌, 아펜첼 둘러보기

오후 : 마이엔펠트로 이동 후 하이디 트레일 걷기

3 Day

오전 : 루가노 구시가 둘러보기, 헤르만 헤세 길 산책

오후 : 몬타놀라 헤르만 헤세 박물관, 루가노 호숫가 마을 모르코네, 벨린초나 고성 관광

4 Day

오전 : 알레취 빙하 트레킹

오후 : 체르마트로 이동 후 마테호른을 감상하며 하이킹

5 Day

오전 : 알레취 빙하 트레킹

오후 : 체르국행 비행기로 환승

6 Day

오전 : 라보 지역 포도밭 트레킹

오후 : 와이너리 투어 및 포도밭 전망 레스토랑에서 식사

7 Day

오전 : 카펠교, 빈사의 사자상 등 루체른 구시가 관광

오후 : 루체른 호수 유람선 탑승

8 Day

오전 : 취리히로 이동 후 프라우뮌스터 성당, 그로스뮌스터 등 구시가 관광

오후 : 취리히 웨스트 둘러보기

취리히 국제공항 도착 후 한국행 비행기 탑승

9 Day

오후 : 인천 국제공항 도착

소우리지 인 & 컨퍼런스 센터, 캐나다 앨버트

디어 유어 트래블

윤영주

직업이 여행작가라고 하면 모험적이거나 충동적인 여행을 즐긴다고 생각하는 이들이 있을지도 모른다. 하지만 나의 여행 스타일은 내일 떠나는 비행기 표를 덜컥 사거나, 여행지에서 느긋한 시간을 보낼 요량으로 편도 티켓을 끊는 여행과는 거리가 멀다. 나는 지금껏 여행을 떠나기 전에 완벽하게 준비를 끝내고, 돌아오는 날까지 되도록 큰 변수 없이 일정을 마치는 여행을 반복해왔다. 그렇게 원 모양의 여행을 반복하며 여행작가라는 직업을 10년간 이어왔고, 어느새 9권의 책을 펴냈다.

『디어 마이 트래블』은 여행 잡지 에디터로 일하다가 여행작가로 전업해서 정확히 열 번째 내는 책이다. 그간 낸 책 중에 공저로 작업한 책이 많았는데, 이 책도 마찬가지다. 나는 혼자 하는 여행보다 함께하는 여행을 즐기고, 여행 책을 기획할 때도 내 머릿속 아이디어보다 서로 머리를 맞대고 의견을 주고받는 아이디어를 선호한다. 그렇게 '여행'으로 함께한 이들과는 일종의 전우애 같은 끈끈한 정 같은 게 생기고, 여전히 서로의 안부를 물으며 일상의 소소함을 공유하고 있다.

『디어 마이 트래블』의 작업을 함께한 이지은 씨는 그간 여행을 직업으로 했던 공저자들과 다르게 여행과 전혀 관련 없는 직업을 가졌다. 그녀의 반짝이는 재능을 믿어 의심치 않았지만, 그녀는 생각 이상의 발군의 재능으로 나를 놀라게 했다. 그리고 그녀와 함께한 여행은 단언컨대 최고의 여행이었다.

책 제목은 노희경 작가의 드라마 〈디어 마이 프렌즈〉에서 따왔다. 이 책의 제목은 공저자인 이지은 씨가 제안했다. 드라마가 굴곡진 삶을 살아온 노년의 인생에 바치듯, 나는 이 책을 나를 매료시킨 여행지에 헌사 하고 싶다. 그런 만큼 이 책의 독자들이 SNS에 사진이나 글을 올리는 잰 체하는 여행보다는 일상에서 수고한 자기 자신을 다독이는, 철저히 '자신을 위한' 여행을 했으면 하는 바람이다.

『디어 마이 트래블』을 계약한 후 최악의 건강 상태로 원고 마감일이 차일피일 미뤘음에도 재촉은 고사하고 싫은 내색 한번 없이 믿고 기다려준 출판사 두사람의 김준영 대표께 미안함과 고마움을 전한다. 아울러 책을 낼 때마다 한결같은 지원을 아끼지 않는 남편과 내 마음의 안식처 같은 언니, 윤영선에게도 감사의 말을 전한다.

이지은

'작가의 말'을 써달라는 출판사의 요청을 받고 그동안 쓴 원고와 사진을 뒤적였다. 상상해오던 풍경 속에서 같은 시간, 같은 공간, 서로 다른 생명체가 모여 감격하고 절정으로 향하던 순간의 카타르시스가 다시 밀려오는 듯했다.

"참 행복한 세상 구경을 했구나."

돌이켜보면 살아오면서 행복했다고 느끼는 기억의 많은 부분이 여행과 맞닿아 있었다. 그중에서도 좋은 것, 맛있는 것, 신비로운 것이 가득한 세상을 소중한 이와 함께할 수 있었다는 것이 가장 큰 행복이었다.

책을 기획하고 출판하기까지 꼬박 3년이 걸렸다. 돌이켜보면 책 작업이 처음이었던 만큼 결코 쉽지 않은 여정이었다. 아마도 벽화와 디스플레이 작업을 하는 상업 공간 디자이너라는 본업의 일정이 빼곡했던 것도 이유 중 하나였을 것이다. 하지만 3년간 취재 여행을 다니면서 여행지의 좋은 에너지를 듬뿍 받고 온 덕분에 본업에도 박차를 가할 수 있었고 훨씬 만족스러운 결과물을 만들어낼 수 있었다. 일상을 더 풍요롭게 만들고 그것이 얼마나 소중한 것인지 깨닫게 해주는 여행의 순기능을 몸소 체험한 셈이다.

책 한 권 쓰고 싶다는 게 나의 오랜 버킷 리스트였듯이, 『디어 마이 트래블』 작업은 나 자신에게 주는 큰 선물과도 같다. 이 책에는 오랜 시간 경험한 세계 곳곳의 다양한 여행지가 담겨 있다. 자기 자신에게 선사하고 싶은 진짜 여행, 로망이 가득한 여행을 담아내려 했듯이 이 책이 독자들에게 행복한 추억을 만들어주는 선물 같은 책이 되기를 바란다.

좋은 여행지에서 그리운 얼굴들이 떠오르듯, 감사를 전하고픈 이들이 끝없이 스쳐 지나간다. 무엇보다 장단이 잘 맞았던 여행 동반자이자 내가 좋아하는 윤영주 작가님, 출판 경험이 전무한 나를 믿어준 출판사 두사람, 알 공예를 잠정 휴업한 상태임에도 알선생님 작품이 그립다며 마음을 전해오는 사람들, 모두 눈물 나게 감사드린다. 예민한 예술가 기질이 다분한 딸의 변덕도 한없이 보듬어주시는 부모님, 무심한 듯 늘 곁에서 응원해주는 남동생, 소중한 파트너 김동명 소장님께 가슴속 묵직한 감사 인사를 전하고 싶다.

"다만 소원이 있다면
지금 이 순간이 좀 더 오래가길.
아무런 미련이 남지 않게
조금 더 오래 가길."

_드라마 <디어 마이 프렌즈> 중에서